ARCHITECTURE AND CULTURE OF JAPAN

제2판

일본의 건축문화

김 영 은 · 이 건 하 공저

도서출판 구미서관

일본의 건축문화(제2판)

저 자 김영은·이건하

발행인 임 해 진
발행처 구미서관

발 행 2012년 9월 10일 제1판 1쇄
2014년 2월 27일 제2판 1쇄

주 소 서울시 마포구 신촌로 2길 5-15 구미빌딩
등 록 1979년 6월 29일 No.9-6호
ISBN 978-89-8225-980-7 (93540)

전 화 : (代) 333-1101 팩 스 : 335-2201
홈페이지 **http://www.goomibook.com**

정가 20,000원

서 언

어느날 문득 서가에 꽂혀져있는 수많은 일본건축 관련 서적과 자료들을 보면서 언제인가 학생들에게 알기쉬운 일본건축 단행본을 만들어야겠다고 계획했던 일이 생각났다. 그러나 아직까지 실천하지 못하고 있는 자신의 게으른 모습을 발견하였다.

이제는 더 이상 기다릴 수 없다는 생각에 그 동안 돌아다녔던 일본건축물들의 사진을 간단히 정리하고 글을 쓰게 된 것이다. 학생들과 일본을 여행하기 위해 자료를 찾아도 정리된 자료서적이 없음을 한탄하며 자신의 사진과 글로 〈일본의 건축문화〉라는 제목을 달아 부족하나마 책으로 엮었다.

최신의 자료들은 앞으로의 집필작업으로 남겨두고 우선 갖고 있는 자료를 가지고 일본건축을 쉽게 이해할 수 있는 안내서가 되도록 만들고자 하였다.

건축학과 교수가 된 이후, 여행하였던 많은 건축공간 속에서 공통점과 차이점들을 발견할 수 있었고, 현대건축은 결코 혼자서 태어난 것이 아니라 과거 속에서 탄생되고 있다는 깨달음을 얻었다.

사람들이 한 시대를 살아가는 생활공간은 나름대로 많은 고민과 생각의 산물로 기존의 건축문화와 현대건축문화가 대화하며 융합되고 있는 현상을 발견할 수가 있었다. 일본의 건축문화 속에서는 이러한 모습을 보다 뚜렷하게 찾아 볼 수가 있었다.

여름날 뜨거운 태양 아래 동산 위에 서 있는 나무를 바라 볼 때, 한 컷의 사진으로 멋지게 기록할 수는 있다. 그러나 그 나무그늘 아래에서 한여름의 시원함을 느껴보지 못 한 사람은 사진을 통해서 아무런 감동의 느낌을 받을 수 없듯이, 건축공간 속에 빠져보지 못한 사람은 그 건축의 감동을 받을 수 없는 것이다. 건축학도들은 가급적이면 수고스럽더라도 건축을 이해하기 위해서는 많은 건축물과 그 공간 속의 체험을 통해서 현명함과 깨달음의 시간을 만나게 될 것이리라 믿는다. 또한 건축가의 의도나 생각보다도 더 뛰어난 건축적 영감을 학생들이 느낄 수 있다고 생각한다.

그 자극제가 현대건축물이 아닌가 상상해 본다.

명품건축물이란 어떤 이에게 치열하게 전달하는 건축적 영감, 건축적 자극의 정도를 말하는 것일지도 모른다.

2014.1.25

오정(五鼎) 이 건하 李 建河, 김 영은 金 榮恩

일본의 건축문화

강의목표: 왜 일본건축을 이해할 필요가 있는가?

- 일본문화의 대표성 이해
- 일본인 이해의 도구
- 일본건축여행시 참고자료
- 한국현대건축과의 비교고찰을 통한 한국현대건축의 사고 확장에 도움이 되기 위함

목 차

목 차

제1강 구마모토 아트폴리스

Kumamoto Artpolis

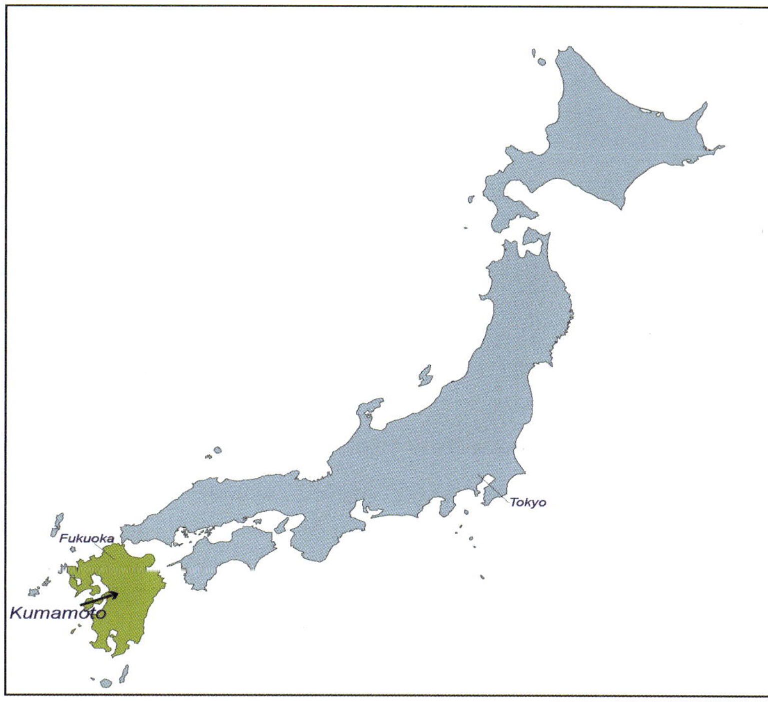

구마모토 현은 일본남쪽 큐슈(九州)지방의 중앙에 위치하고 옛날부터 큐슈 지방의 정치·경제·문화·교통거점으로서 번영하였다. 규모 면에서 세계적 수준의 칼데라가 있는 아소(阿蘇)산과 수많은 섬들로 이루어진 지역이다. 따라서 현내 각지에는 제각기 특색 있는 문화가 숨쉬고 있으며 수 많은 명소가 자리잡고 있다. 또한 이 지역의 사람들은 일본 내에서도 고집이 세기로 유명하다. 이 외고집 기질이 또한 이 지역의 문화를 창조하고 보전하고 발전시키려는 원동력이 되고 있는지도 모른다.

환경 속에서 국제적으로 평가를 받고 있는 「구마모토 아트폴리스」의 계획은 오랜 역사 속에서 가꾸어 온 전통을 소중히 보존하는 한편 더욱 큰 비약을 목표로 매력 넘치는 구마모토 지역창조에 노력하고 있는 프로젝트 중의 하나다.

1. 구마모토 아트 폴리스의 Concept

구마모토 아트 폴리스의 개념은 무엇인가?

구마모토 현내를 무대로 풍부한 자연과 역사 풍토를 살려 나가면서 후세의 문화적 유산으로 남길 수 있는 우수한 건조물을 창조해 나간다는 것과 동시에 현재 이 지역에 거주하고 있는 현민들에게 도시 문화, 건축 문화 등에 대한 관심을 높이고 지역의 활성화에 이바지하는 구마모토 현의 독자적인 풍부한 생활공간을 창조한다는 것이다. 좀 더 구체적으로 정리하면 다음과 같다.

1) 후세에 남길 수 있는 문화적 자산을 창조한다.

현에서 가꾸어 온 다채로운 지역 문화와 전통을 보호하면서 일본과 세계에서 활약하는 우수한 건축가와 디자이너들의 풍부한 발상을 그 지역에서 생활하는 주민들과 협동을 통해 질 높고 뛰어난 건축물을 지역 속에서 창조해 낸다.

2) 지역으로의 파급 효과를 창출한다.

참가 프로젝트는 단순한 건조물로서 존재하는 것이 아니라 지역 주민들과 융합하여 새로운 바람을 일으킨다. 그 지역의 명소를 개발하여 관광사업의 활성화를 시도하는 한편, 상징 건조물, 또는 지역 창조 등의 활동을 중심으로 지역 활성화에 공헌한다.

3) 새로운 생활 문화를 창조한다.

커미셔너(최고책임자)가 추천하는 재능과 아이디어에 뛰어난 건축가와 디자이너가 세계적인 시야에 입각하여 기능면에서는 물론, 디자인 면에서도 뛰어난 건조물을 설계한다.

또한 사업주와 건조물을 이용하는 입주자와도 적극적인 대화를 통하여 그 지역 고유의 환경과 역사에 바탕을 둔 독자적인 신 생활문화를 창조해 나간다.

4) 현 내 전역으로 확산시켜 나간다.

참가 프로젝트는 각 지역에서 「점」으로 산재하고 있으나 이것을 「선」으로 연결하여 인근 지역 참가 프로젝트와도 연대하여 최종적으로는 구마모토 현 내 전역에 「면」으로 확대시켜 나간다. 이것은 마치 옛 도시의 원형인 성곽 축조의 개념과 유사하다.

2. 구마모토 아트 폴리스 시스템

구마모토 아트 폴리스는 지역 주민들과 함께 지역의 목소리를 반영하면서 뛰어난 건조물을 창조하는 프로젝트 사업이다. 현 내의 뛰어난 건조물을 표창하는 현(縣) 표창 사업, 강연회·심포지엄, 전람회 등을 개최하는 기획·홍보·인재육성 사업이 그 중심이다.

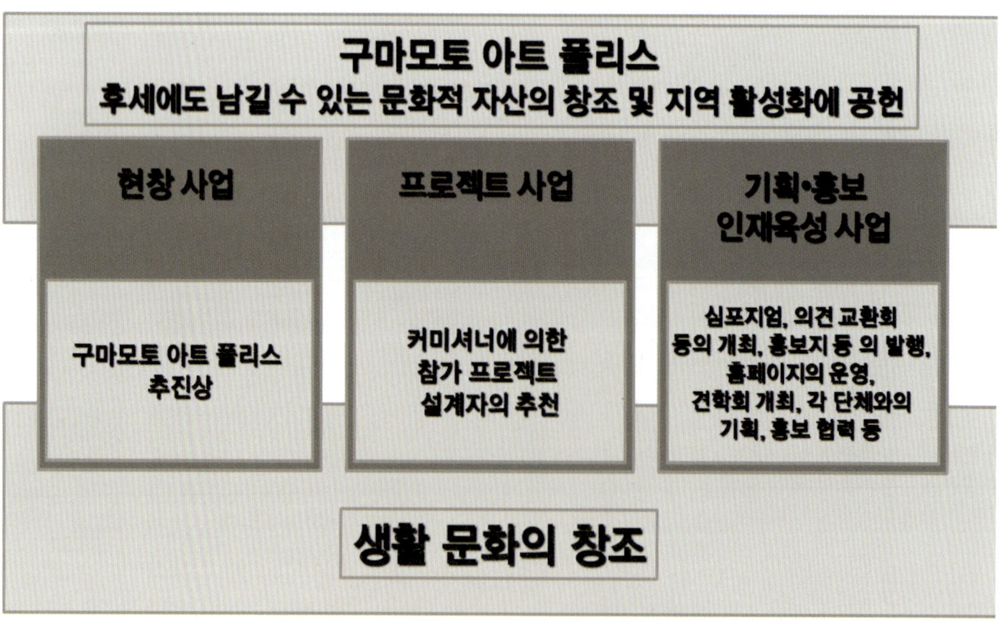

1-01. [구마모토 아트폴리스의 System]

3. 프로젝트 사업

프로젝트 추진에 있어 자유로운 의사를 반영하기 위해 커미셔너 제도를 도입하고 있다. 커미셔너와 부 커미셔너가 적성과 능력을 겸비한 국내외의 건축가를 추천하거나 설계 대회 등을 실시하여 그 사업에 적합한 설계자를 선정한다. 설계자는 그 건조물에 관계하는 수 많은 사람들과 대화를 거듭하면서 건축물의 설계를 추진한다.

사업주는 민간 또는 공공 단체 등에 관계 없이 모든 것이 대상이 될 수 있다. 주택건축물은 물론, 교량 등의 건축물, 공원과 경관 조성물 등의 환경 정비와 다양한 분야에 걸쳐 있다. 또한 어드바이저, 학식경험자(지식인)와 건축 전문가 등으로 구성된 어드바이저 위원회, 아트 폴리스 사무국 등이 계획을 지원해 나간다.

4. 프로젝트 사업의 흐름

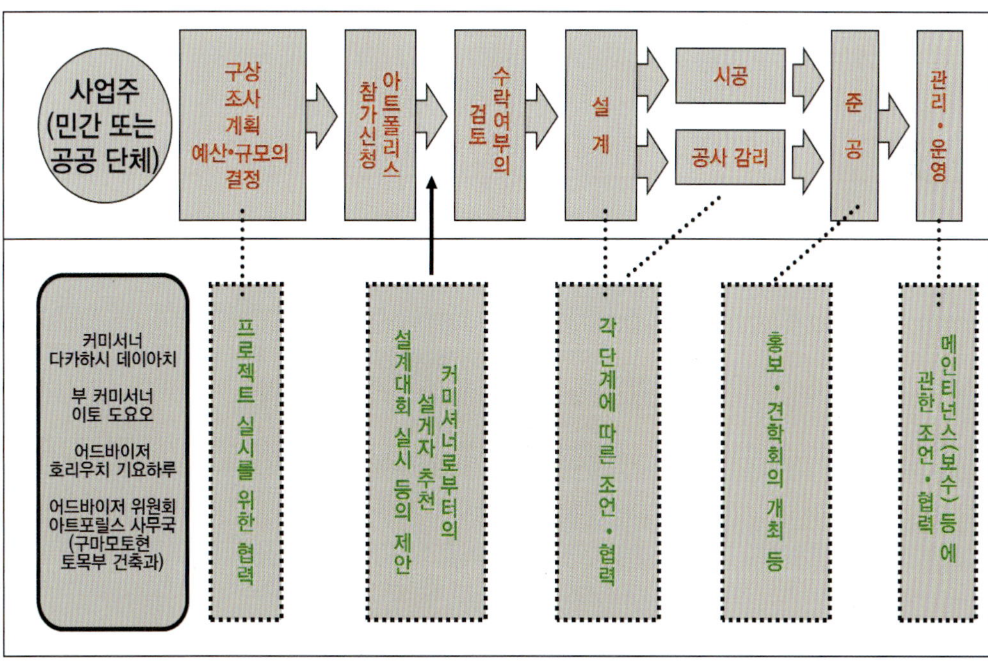

1-02. [프로젝트 사업의 흐름도]

5. Epilogue

현재 구마모토 아트 폴리스의 사업 가운데 하나로 작은 인형관:세이와 분라쿠 인형관에는 대절버스로 연간 15만명이 넘는 관광객이 방문하고 있다. 원래 이 곳은 고사리 채집을 위해 찾아오는 사람이 있을 정도의 아주 한산한 마을이었다.

1-03. 세이와 분라쿠 인형관

우시부카라는 곳에 있는 수족관 가이사이칸(海彩館)은 이 지역의 매력을 한 곳으로 집중시켜 수많은 관광객 유치와 지역 교류의 장으로 활용되고 있다. 이곳을 방문하는 관광객이 40만 명에서 56만 명으로 늘어났고 지금도 꾸준한 증가 추세를 보이고 있다.

1-04. 가이사이칸 수족관

제2강 구마모토 아트폴리스 작품

1. 구마모토시 기타(北) 경찰서

■ 건축가 : 시노하라 가즈오

篠原一男(しのはら かずお * Kazuo Shinohara)
1925년 시즈오카현(静岡県) 출생
1953년 동경공업대학 졸업, 동대학 조수
1962년 동경공업대학 조교수
1967년 "일본건축의 공간구성연구"에서 공학박사
1970년 동경공업대학 교수
1986년 동경공업대학 명예교수
Yale대학 객원교수(1984), Vienna대학 객원교수(1986),
미국건축가협회 명예회원(1988)

○ 주요작품
白の家, 谷川さんの住宅, 上原通りの住宅, 東京工業大學百年記念館 外

■ 건축 개요

유리로 지은 경찰서라고 불리울 만치 정면에 모두 하프밀러가 사용되어 종래의 경찰의 이미지를 크게 바꿔 놓았다. 건물은 크게 2개의 기능으로 나누고 서쪽에 해당되는 정면은 교통과(課), 도장(道場) 등 공적인 용도로, 그리고 동측은 사무적인 용도로 사용되고 있다. 동서 두 개의 블록은 내부기능을 반영하여 구조형식도 다르다. 서측은 철골구조로, 동측은 SRC구조가 사용되었다. 정면의 상층부분에는 유도, 검도장 및 갤러리가 배치되어 있기 때문에 위로 올라가면 갈수록 넓어지는 구조로 되어있다. 옥상은 집회장으로도 사용됨에 따라 에어컨디셔닝 옥외기기는 측면에 매달린 검은 원통 안에 넣어져 있다.

■ 건축 데이터

명칭: 구마모토 키타(北)경찰서くまもときたけいさつしょ
설계자: 시노하라 카즈오(篠原一男) + 太宏설계사무소
소재지: 구마모토시(熊本市) 쿠사바쵸(草葉町) 5-13
주요용도: 경찰서
사업주체: 쿠마모토현(熊本県) 경찰본부
부지면적: 6.926㎡
건축면적: 2,230㎡
연면적: 8,695㎡
층수: 지하1층, 지상5층
구조: 철근 및 철근콘크리트(SRC)
공사기간: 1989년3월-1990년11월
구마모토아트폴리스 참가 제1호 프로젝트

2-01. 기타 경찰서 전면

2-02. 기타 경찰서 서측앞 건물

기타 경찰서 주변에는 대규모의 건물이 집중되어 있는 지역이다.

구마모토 기타(北)경찰서는 구마모토 아트폴리스의 재건축 1호 건축물로서 1990년에 준공한 경찰서이다. 수백개의 특수 반투명 유리를 사용하여 안에서만 밖을 볼 수 있고 밖에서는 안을 볼 수 없다.

구마모토성곽을 향하는 강한 동서축이 하나의 건축을 뛰어넘어 구마모토 중심부의 가로 공간에 미치는 상징적인 효과도 노리고 있는 것이다.

2-03. 기타경찰서 서측 정면

유리경찰서라고 불리울 정도로, 정면 전체에 반사유리를 채용하여, 이제까지의 경찰서 건물의 진부한 이미지를 탈피하고 있다. 정면상층부에 유도장과 검도장, 갤러리가 배치되어 있으며, 위로 갈수록 넓어지는 구조로 되어있다.

2-04. 시라가와 공원

공간구성과 함께 최초의 이미지를 구성할 때 이 지형이 영향을 주었다.

국도를 향하여 중심축을 놓고 대칭적으로 건축물 파사드(정면)구성을 하였다.

이 대칭적 디자인은 경찰서의 명쾌한 기능성과 잘 맞았다.

시라가와(白川)공원과 인접해 있다.

2-05. 동측면 큐브 블럭

동측면 큐브블럭은 서측외관의 개방 디자인과 달리 기밀성을 가진 디자인으로 범죄에 관계되는 본래 경찰서 기능을 집약적으로 구성하고 있다.

옥상 부분은 집회장으로도 사용할 수 있도록 공조 옥외기기는 측면에 매달린 검은 원통 속에 집중시켜 설치하였다.

2-06. 동측면에 접한 시라가와 공원

원래 현청자리에 세운 경찰서로 현내에서는 최대규모를 자랑한다. 서측 건축정면으로 국도3호선과 짧게 접하고 있으며, 뒤편으로 길게 공원과 접한 지형에 위치하고 있다. 서측블록은 철골구조로 구성하였고, 동측블록은 철근콘크리트구조로 되어 있다.

2-07. 기타경찰서 입구 캐노피

서측에는 국도 3호선에서 진입하는 쪽으로 넓은 로비를 중심으로 설계하였다.

이 공간에서는 시민들의 일상생활에 직접 관계되는 교통과가 있으며, 초등학생들에게도 개방되는 유도,검도장 등이 배치되어 있다. 몇 개의 기능을 각각 독자적인 형태로 함축시켜 통합하였다.

2-08. 로비

우주공간에 부유하면서 정확하게 작동하는 장치 이미지가 설계자의 이미지였다. 이 설계자의 말대로 우주와 같은 도시공간 속에서 그 장치가 잘 작동되기를 기대한다.

2-09. 기타 경찰서 로비(대민 서비스)

서측은 로비를 중심으로 대민서비스영역이며, 휴식용 의자들도 밝은 색조로 구성되어 권위적이고 어두운 기존의 경찰서 이미지를 탈피하고 있다.

기타경찰서는 기계적 이미지가 구현되고 있으며, 정지하고 있는 건축물이 아니라 역동성을 표현하고 있는 하이테크건축을 추구하고 있음을 알 수 있다.

2. 이시우치댐 자료관

■ 건축가 : 이리에 게이이치 (いりえ けいいち * Keiichi Irie)

1950년 도쿄(東京) 출생
1976년 도쿄(東京)예술대학 대학원 건축과 수료, 도쿄공업대학 시노와라 연구실
1980년 이리에(入江) 건축설계사무소 설립
1987년 (주)파워유닛 스튜디오로 개명

○ 주요작품
산노미야바시의 주택(도쿄), 치바의 주택, 타마가와학원 집합주택(가나가와) 캬라반(시드니), 트렌스피귤레이션(브뤼셀), bean house(도쿄) 등

■ 건축 개요
이 자료관은, 거대한 댐과 그것을 둘러싸고 있는 녹음짙은 자연이 융합되는 아름다운 환경에 싸여있다. 자료관 중에서, 전시홀과 전망로비 둘은 특히 중요한 구성요소. 다이나믹하게 변화하는 공간의 질에 포인트를 두었다. 단순화된 기하학적인 구성이다. 전시홀은 다양한 정보를 방문객에게 전달하는 공간으로, RC 플렛슬라브 구조에 의한 4.4m의 천정고를 확보하고 있다. 전망로비는 댐이나 자연경관과 만나는 개방적인 공간이 되도록, 직경 4m의 원통형 철골구조로 경쾌하게 공중에 떠다니고 있다. 이 두개의 공간에 끼워진 큰 만곡(彎曲)된 벽은, 구조상으로는 효과적인 내력벽이며, 눈앞에 펼쳐지는 자연을 손바닥처럼 받쳐 주는 의장(意匠)이다.

■ 건축 데이터
명칭: 이시우치(石打)댐 자료관 いしうちダムしりょうかん
소재지: 우키시(宇城市)미스미마치(三角町)나카무라(中村)야츠쿠보(八久保) 3629-2
주요용도: 자료관
사업주체: 구마모토현, 미스미마치
대지면적: 1,481㎡
건축면적: 520㎡
연면적: 455㎡
구조: 철근콘크리트조, 일부 철골조
공사기간: 1992년10월~1993년3월(전시공사 제외)

2-10. 이시우치 댐 자료관

신설된 일본철도 이시우치 댐 역에서 내려 산속 계곡을 올라가면 이시우치 댐이 갑자기 나타난다. 그 옆에 위치한 이시우치 댐자료관에서는 댐의 역할, 치수, 물의 이용에 관한 내용 등, 사람들의 삶 속에 물과 관계된 내용을 즐겁게 학습할 수 있다.

댐과 그 주변 자연경관을 조망할 수 있고 즐길 수 있도록 만들어진 시설이다.

이 건축물은 이 지역의 관광포인트로 자리 매김하고 있다.

2-11. 댐 자료관 측면

2-12. 주차장에서 바라본 모습

이시우치댐 자료관은 거대한 댐과 그것을 에워싸고 있는 풍부한 자연환경을 융합시켜, 아름다운 주변환경과 일체를 이루고 있다.

댐 자료관은 가운데 전시홀과 전망로비 두 영역으로 설계되어 있다.

역동적으로 그리고 유동적으로 흐르는 변화하는 공간을 의도하고 설계하였으며, 이 의도는 어느 정도 성과를 얻고 있다.

2-13. 전시 홀

2-14. 전시홀의 안내모니터

전시홀은 여러 물과 관계된 정보를 관람자에게 전달하는 공간으로 철골구조로 구성되어 천장높이는 4.4m로 설계되어 있다.

2-15. 가토 기요마사

댐 자료관 내에는 구마모토 지역의 최고 토목기술자인 가토 기요마사에 관한 역사적 사료를 전시하고 있다.

2-16. 자료관 내부 문

문 디자인 역시 전통적인 문양으로부터 새로움을 추구하고 있다.

2-17. 전망로비

전망로비는 댐과 자연경관을 접할 수 있는 개방적인 공간으로 원통형으로 디자인 되어 있다. 이 공간에 들어서면 마치 공중에 부유되어 있는 듯한 착각을 관람자에게 불러 일으킨다.

전망 로비의 둥근 통 모양의 구조는 즐겁게 자연을 조망할 수 있도록 되어 있다.

이것은 댐을 조망하면서 여유로움과 함께 자연을 감상하도록 의도한 것이다.

2-18. 전망로비의 천장

2-19. 댐을 조망할 수 있는 휴게공간

2-20. 내력벽

전시공간과 전망공간과의 사이에는 거대한 내력벽이 구조물을 지지하고 있다.

관람자가 자연과 쉽게 일체가 되는 전망공간은 매우 인상적 디자인으로 평가되는 작품이다.

2-21. 댐의 반대편에서 바라본 모습

2-22. 전망공간 뷰

2-23. 자료관 뷰

2-24. 하부계단

3. 타마나 천망관

2-25. 타마나 천망관

■ 건축 개요

[풍요로운 자연과 함께 역사가 깃든 시간과 사계(四季)가 호흡하는 살아있는 사회예술로서의 건축] 나날이 성장하고 있는 마을을 느긋하게 흐르는 시간 속에서, 자신을 둘러싼 공간 그리고 세월의 흐름을 응시하는 시간을 갖는 장소로 마을의 발전을 전망하고 자연환경의 아름다움을 적극적으로 받아들일 수 있는 예술성 높은 자신이 자연의 에너지를 포함하는 정말로 살아있는 듯한 [환경생명체]로서의 건물을 창조해 봤다.

■ 건축 데이터

명칭: 타마나(玉名) 천망관(天望館) たまなてんぼうかん
소재지: 타마나(玉名)시 오쿠라아자(大倉字) 다카다(高田) 1144
주요용도: 전망, 학습 커뮤니티실
사업주체: 타마나(玉名)시
부지면적: 177.402㎡
건축면적: 171㎡
연면적: 99㎡
층수: 지상2층
구조: 철근콘크리트
공사기간: 1991년3월~1992년 9월

■ 건축가 : 다카사키 마사하루
高崎正治(**たかはし まさはる * Masaharu Takasaki)**

1953년 가고시마(鹿兒島)현 출생
1967년 건축 시작
1975년 대학 재학중에 모노비토(物人)공방 개설
1976년 메이죠(名城)대학 건축과 졸업
1977년~81년 슈트트가르트대학, 그라트 공과대학 건축학 교수와 협동
1982년 (주)TAKASAKI 모노비토(物人) 연구소 설립
1990년 다카사키 마사하루(高崎正治) 도시 및 건축설계 사무소 설립

○ 주요작품
結晶のいろ, 響相のいろ, 日本のいろ, ゼロ コスモロジ-
저서「CREATIVE NOW 1 □崎正治」六耀社

2-26. 언덕위의 타마나 천망관

타마나천망관은 타마나시의 남부 기쿠치(菊池)강을 바라보는 운동공원내에 위치하고 있으며, 타마나 시가를 한눈에 조망할 수 있는 언덕 위에 서 있다.

2-27. 상부의 연꽃

2-28. 3개의 화살을 상징하는 모습

시민들의 휴게공간으로 설계된 것으로, 건축물은 3층으로 구성되어 있다.

행복의 상징인 연꽃과 타마나시의 발전을 의미하는 3개의 화살을 복잡하고 일반적이지 않은 독특한 환경 생명체로서의 의미로 광장을 창출하고 있다.

2-29. 저층부의 필로티 기둥

2-30. 천망관 입구

지상부분은 사람들의 교류가 쉽게 이루어지도록 〈땅의 자리〉라는 컨셉을 설정하고 있다.

계단을 올라가면 〈구름의 자리〉로 이미지가 설정되었고, 최정상 부분은 하늘을 바라볼 수 있도록 〈별의 자리〉로 설정되었다.

2-31. 계단

2-32. 타마나시 모습

〈풍부한 자연과 함께 역사가 머무는 시간과 사계절이 호흡하는 살아있는 사회예술로서의 건축〉 매일 성장을 지속하는 도시를 느긋한 시간 속에서 자신을 둘러싼 공간으로 느낀다. 그래서 세월의 흐름안에서 현대의 삶이 조급해 하지 않는다.

2-33. 알의 실

2-34. 천망관 내부 천장

2-35. 천망관 바닥

2-36. 주변 벽면

천망관 내부로 들어 서면 중앙부에 위치한 〈알의 실〉은 일명〈제로의 공간〉으로 소우주를 상징한다.

4. 구마모토현립고분관

■ 건축가 프로필: 안도 다다오 安藤忠雄(あんどう ただお * Tadao Ando)

1941년 오사카 출생
1969년 안도 다다오(安藤 忠雄) 건축연구소 설립
1987년 Yale대학 객원교수
1988년 콜롬비아대학 객원교수
1990년 하버드대학 객원교수

○ 주요작품
스미요시(住吉)의 나가야(長屋)록코(六甲)의 집합주택, 효고(兵庫)현립 어린이관, 히메지 문학관, 세비리아 일본정부관, 오사카府立 오카노아스카 박물관, 산토리 뮤지엄 등

■ 건축 개요

부지는 현(県)북부에 위치하고 있으며, 주변에는 고분의 아름다운 형태로 일본에서 손꼽히는 전방후원분(前方後円墳)인 후타고즈까(子塚) 고분을 포함한 이와바루(岩原) 고분군이 산재되어 있다.

이 박물관은 단지 전시만을 목적으로 건축한 것이 아니라, 고분군과 주변환경을 일체적으로 보이게 하는 환경 박물관이다. 그러므로 건물을, 고분군이 한눈에 볼 수 있는 기단으로 생각할 수 있다.

방문객은 주차장에서 내려 나무 숲속의 오르막 길을 따라 걸어가면 건물에 도착한다. 워터커튼 옆을 지나 옥외계단을 올라가면 시야 한 쪽에 녹음 속의 고분군이 보인다.

사람들은 이 장소에서 과거에서 현재까지 이어오는 웅대한 시간의 흐름을 느끼게 될 것이다.

■ 건축 데이터

명칭: 현립(県立)장식고분관(装飾古墳館) けんりつそうしょくこふんかん
소재지: 야마가시(山鹿市) 카오마치(鹿央町) 이와바루(岩原) 3085
주요용도: 역사자료관
사업주체: 구마모토현
부지면적: 6,338㎡
건축면적: 1,448㎡
연면적: 2,098㎡
층수: 지하1층, 지상1층
구조: 철근콘크리트조
공사기간: 1990년10월-1992년4월

2-37. 구마모토 현립 장식고분관

2-38. 전방 후원분의 위성사진

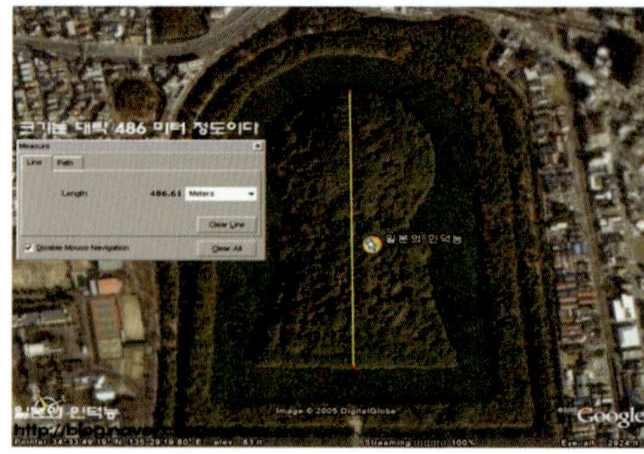

2-39. 일본의 인덕능

구마모토현내에는 많은 수의 고분군이 존재한다.

그 중에서도 장식고분은 186기가 발견되었다.

장식고분관은 출토된 풍부한 자료를 실물과 모형전시, 영상등을 통해서 정보를 전달하고 있다. 전국 최초로 만들어진 고분전문 박물관이다. 실제 고분이 존재하고 있는 장소에 세워진 이 건축물은 "전방후원분"의 모습을 닮고 있고, 현대적 고분으로 이미지화 하고 있다.

2-40. 전방후원분

전방후원분이란 무엇인가?

〈고적〉을 위에서 바라보았을 때 앞쪽 반은 거의 사각형을 이루고 뒤쪽 반은 둥근 모양을 이룬 무덤. 특히 일본 고분 시대의 무덤에서 전형적인 모습을 나타난다.

2-41. 주차장

장식 고분관을 방문하게 되면 먼저 숲 속의 한적한 주차장에 도착하게 된다.

이 한적함 때문인지 젊은 남녀들의 데이트를 위한 드라이브코스로도 각광을 받고 있는 듯 보인다.

2-42. 주차장에서 장식고분관 가는 길

주차장에서 건축물로 접근하기 위해서는 대나무 숲속을 걸어가도록 동선체계를 설계하고 있다.

관람객은 주차장에서 내려, 나무가 울창한 숲속을 걸어야 한다.

2-43. 나무계단

또한 산등성이를 올라와야만 하는 수고를 해야 박물관에 접근할 수 있다.

장식고분관을 가기 위한 나무계단은 세심한 손길로 작업을 했다고 한다.

2-44. 건물을 한바퀴 돌아 측면으로 진입을 유도 하고 있다.

인공적인 건축물을 생성시키고 있다. 옆으로 진입시키는 공간구조는 한국전통건축의 내용과 동일하다.

워터 커튼 옆을 통과하여 옥외 계단에 오르면 시야 전체에 녹음(綠陰)속의 고분들이 펼쳐지며 고대 세계의 숨소리를 자연스럽게 느낄 수 있다.

2-45. 벽면을 돌면 만나게 되는 입구 계단

옥외 계단을 올라가야만 입구쪽으로 접근할 수 있다.

워터커튼의 옆을 통과하여 옥외 계단으로 올라 간다.

2-46. 전면 벽면

2-47. 벽면 앞 수공간

2-48. 계단을 올라 오면 만나는 건물의 상부층

이 박물관은 단순히 전시만을 위한 건축물이 아니라, 고분군과 주변환경을 일체화 시켜서 보여주도록 설계한 환경 박물관이다.

그러므로 건물은 고분군이 한눈에 조망 가능하도록 기단으로 기획하였다.

2-49. 고분관에서 주변을 바라 본 모습

주변을 돌아 보면 눈앞에 갑자기 나타나는 넓은 초원의 세계가 가슴을 펼치게 한다. 그냥 초원이 아니다. 초원 속에서 역사가 새겨진 의미있는 고분군을 발견한다.

2-50. 아래층 입구쪽으로 들어 가는 경사 진입로

2-51. 내부 경사로 복도

왼쪽 사진은 입구쪽으로 들어가는 진입로인데 아래로 내려 가는 곡선형의 경사로로 진입을 유도 하고 있다.

오른쪽 사진은 건물 내부의 경사로 복도이다. 내부에서 보면 출구쪽으로 나가는 복도이다.

2-52. 경사 진입로에서 바라본 천공광 타워

진입로를 따라 가다 시선을 위로 올리면 두 개의 기둥이 보이는데 이것은 외부의 천공광을 박물관내부로 유입시키는 역할을 한다.

안도 다다오의 건축에서 항상 볼 수 있는 빛의 유입이 이 건물의 특징이다.

건물의 모서리 모서리에 창들을 놓아서 건물이 어두워지지 않도록 하고 있고, 주변 부속 건물이 모두 고분관에 연결되어 있어 모두가 '하나'의 느낌을 준다.

2-53. 직선과 곡선이 적절히 어울려진 건축미를 느낄 수 있다.

서서히 고분을 즐길 수 있도록 계단이 아닌 경사로를 이용하였다. 사람들이 이 장소에서 과거로부터 현재로 계속되는 웅대한 시간의 흐름을 느끼도록 하고 있다.

긴축가 인도 다다오는 역사의 세세로 관람색을 자연스럽게 안내하고 있는 것이다.

2-54. 본관 전시동

2-55. 별관 실습동

2-57. 안도 다다오가 설계한 화장실

설계자는 관람객이 고대 세계의 흔적을 자연과 함께 느끼도록 의도하고 있다

2-58. 화장실 입구

2-59. 화장실 내부 hall 천장

주차장으로 나오면 만나게 되는 화장실 또한 설계자의 세심한 의도가 보인다.

화장실 내부로 들어서 Hall을 만나게 되며 위를 쳐다 보면 열린 천장을 만나게 된다.

제3강 구마모토 아트폴리스 작품 2

1. 시라누히 문화플라자

■ 건축가 : 키타가와라 아쯔시 (きたがわら あつし*Atsushi Kitagawara)

1951년 나가노(長野)현 출생
1974년 도쿄(東京)예술대학 미술학부 건축과 졸업
1977년 도쿄(東京)예술대학 대학원 석사과정 수료
1980년 키타가와라 아쯔시 건축도시연구소 설립

ㅇ 주요작품
METROCA, ARIA, 빅 팔레트 후쿠시마,
港⃞立大平台미나토장
上田市농림어업체험실습관,
豊昭학원고교 외

■ 건축 개요

시라누히(不知火)라는 신비한 말이 갖는 극히 시각적인 이미지를 구현한 입체면을 표현했다. 건물 내부에 위치한 미술관과 도서관은 오픈스페이스로서 최대한 자유롭게 활용될 수 있도록 했으며, 건물앞 광장에서는 사람들이 찾아와 쉬며 시라누히(不知火) 불이 키워온 유구한 역사를 상상했으면 하는 마음으로 세웠다.

문화 플라자는 마을청사와 복지회관 등, 몇 개의 공공시설이 나란히 세워진 마을의 행정구획 한편에 있다. 행정거리의 중앙을 관통하는 가로수길을 만들어 각 시설로의 왕래를 자연스럽게 하고 거리구역 전체를 정비하였다.

부지 동쪽에 있는 녹나무로 덮인 인공산은 JR가고시마(鹿児島) 본선의 소음을 줄여줌과 동시에 비교적 평범한 행정거리 구역에 지형적인 변화를 주어 랜드마크로서의 역할을 다하고 있다.

■ 건축 데이터

명칭: 시라누히(不知火) 문화 플라자 しらぬひぶんかプラザ
소재지: 우키시(宇城市) 시라누히마치(不知火町) 코료(高良) 2352
주요용도: 미술관, 도서관
사업주체: 시라누히마치(不知火町)
시공자: 西松건설九州지점
부지면적: 11,575,01㎡
건축면적: 2,133,10㎡
연면적: 1,793,18㎡
층수: 지상1층
구조: 철골구조
공사기간: 1998년2월~1999년4월

3-01. 안내판

〈어린이에서 노인까지 부담없이 교류할 수 있는 장소〉로서 부드러운 분위기 창조가 문화플라자 운영의 주제어이다.

3-02. 〈바다에 떠있는 신비한 불의 모습〉이라는 이름의 문화 플라자

시라누히(不知火) 현상으로 알려져 있는 시라누히(不知火)마을은 마을 내외에 많은 사람들에게 도움을 줄 수 문화 플라자를 세웠다. 그 이름과 같이 문화 정보의 보고가 되고 있으며, 문화 영역으로 미술관과 도서관으로 구성된 시라누히 문화플라자가 세워졌다.

3-03. 주차장에서 바라 본 서측

시라누히라는 단어에서 이미지를 창출하여 건축물 입면에서 사라누히라는 단어를 내 뿜도록, 어떤 스크린 같은 것이 있는 것을 건축가는 상상하였다고 한다.

그래서 아지랑이와 같이 가물거리며 서 있는 건물의 입면을 생각해 내었던 것이다.

* 시라누히(不知火) 현상: 여름밤 큐슈의 야쯔시로 앞바다에 무수히 보이는 불빛

3-04. 건물 전면을 싸고 있는 루버스크린

시라누히(不知火)현상을 모티브로 한 루버스크린은 부드러운 빛의 공간을 만들어 낸다. 여러 각도에서의 빛을 부드럽게 순화시켜 건물내부루 유입시키고 있다.

3-05. 루버스크린 상세 디테

부드러운 빛의 연출과 함께 유지 관리하는데 유용한 설비를 갖추고 있다.

3-06. 진입 테크

한편, 전면에 놓여진 광장에서는 사람들이 방문하여 쉴 수 있다.

이 광장은 시라누히마을이 가꾸어 왔던 긴 역사를 거꾸로 올라가 볼 수 있는 시간이 느껴지도록 만들고자 하였다.

3-07. 건물 전면의 수공간

대지의 동측에 작은 동산을 만든 이유는 그 뒤편의 철길에서 달리는 열차의 소음을 완화시키고자 하였다.

3-08. 전면 광장

3-09. 광장 조형물

또한 목재 덱크와 조각이 있는 전면의 광장은 콘서트와 그라운드 골프연습 등 여러 가지 모임의 장소가 된다. 그야말로 주민의 〈만남의 장〉이 되고 있다.

얕은 연못은 무더운 여름날 건물주변을 시원하게 해주는 시각적 효과와 함께 실제로도 온도를 낮추는 역할을 수행한다.

또한 물에 비춰진 아른거리는 빛이 건물 내부로 유입된다. 이러한 아른거림은 더 시라누히스럽게 표현하기 위해 건물 앞의 얕은 연못 부분에 루버 벽을 수면에 비치도록 의도 한 것이다.

3-10. 건물 앞의 얕은 연못과 통로

3-11. 도서관

3-12. 미술관

내부는 중앙 부분의 입구 홀을 사이에 두고 도서관과 미술관이 있다.

도서관에서는 프론티어(자원봉사자)에 의해서 그림책 읽어주기, 미술관에서는 아트리에의 개방과 강연회가 열린다. 미술관과 도서관 공간은 가변적으로 오픈되며 자유도가 높은 활동적인 장소로 설계되었다.

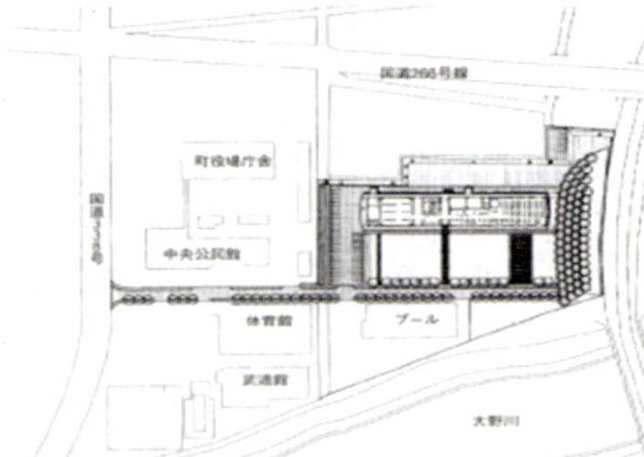

3-13. 배치도

문화플라자의 대지는 마을의 청사와 복지회관 등 몇 개의 공공시설이 나란히 서 있는 마을의 행정구역 한쪽에 위치하고 있다.

서측의 도로에서 행정구역의 중앙을 관통하는 길에 가로수를 심어 각 시설로부터 안전한 진입과 행정구역 전체에 새로운 질서를 부여하고 있다.

3-14. 부지 동쪽의 석가산

3-15. 건물 서측면의 자전거 보관소

3-16. 안내판

부지 동쪽에 위치한 녹나무로 된 석가산(石假山)은 돌을 쌓아 만든 '인공산'이다. 이 낮은 인공산은 JR 가고시마 본선의 소음을 완화시켰으며 비교적 평탄한 행정구획에 지형적인 변화를 꾀한 랜드마크로서의 역할을 다하고 있다.

2. 야츠시로 시립박물관

■ 건축 개요

이 계획에서는 시각적인 높이를 억제하고 자연적인 환경을 고려하여 건물의 위압감을 감소시키는 점에 많은 신경을 썼다. 1층 부분은 폐쇄성이 높고 볼륨이 큰 2개의 전시실이 배치되어 있어 마치 지하가 있는 것처럼 느낌도록 성토로 메워져 있다. 평탄한 부지에 잔디로 덮힌 작은 언덕은 융기한 것처럼 보인다. 언덕 위에는 현관홀과 카페 등 오픈 스페이스가 가볍게 떠있는 듯한 지붕 밑에 펼쳐져 있다. 메탈릭한 분위기로 둘러싸인 수장고는 지붕 위에 떠있는 듯이 자리잡고 있으며, 미래의 쇼소인(正倉院 : 奈良市東大寺大佛殿의 西北에 있는 왕실 유물창고) 으로서, 박물관의 상징적인 역할을 하고 있다.

■ 건축 데이터

명칭: 야츠시로(八代) 시립박물관 [미래의 숲] 뮤지엄

やつしろしりつはくぶつかん·みらいのもりミュージアム

소제지: 야츠시로시(八代市) 니시마츠에죠마치(西松江城町) 12-35

주요용도: 박물관

사업주체: 야츠시로시(八代市)

부지면적: 8,223㎡

건축면적: 1,432㎡

연면적: 3,418㎡

층수: 지하1층, 지상4층

구조: 철근콘크리트·철근

시공기간: 1989년11월-1991년3월

■ 건축가 : 이토 도요 伊藤豊雄 (いとう とよお * Toyo Ito)

1941년 서울 출생
1965년 동경대학 졸업
1965년 키쿠타케 키요노리(菊竹□訓)건축설계사무소 근무
1971년 아반 로보트(URBOT)설립
1979년 이토 도요(伊藤 豊雄)건축설계사무소로 명칭변경

○ 주요작품
저서 「未完의 帝國-나치스 · 독일의 건축과 도시-」(공저)
「도시 거주 선언」(감수)
개인전 1993년 「인간에게 생각하게 하는 기계」
작품 1996년 오카모토(岡本)의 집

3-17. 야츠시로 시립 박물관

3-18. 야츠시로 시립 박물관: 미라이 노모리〈미래의 숲〉 뮤지엄

〈미래의 숲 뮤지엄〉의 명칭은 공모로 결정되었으며, 이 메탈릭한 건물과 녹음이 풍부한 환경과의 조화이미지를 잘 연출하였다.

이 계획에서는 시각적인 높이를 억제하고 인간적인 환경을 고려하여, 건물이 주는 위압감을 경감시키고자 많이 노력을 하였다.

1층 부분에는 폐쇄성이 높고, 볼륨이 큰 2개의 전시실이 배치되어 있어 마치 지하가 있는 것처럼 느끼도록 흙으로 성토되어 있다.

3-19. 도로에서 바라본 모습

3-20. 진입계단과 경사로

3-21. 진입로

흙으로 성토되어진 언덕은 마치 평탄한 대지에 잔디로 덮힌 작은 언덕이 융기되어 진 것 같이 보여진다. 언덕 위에는 현관홀과 카페 등의 오픈 스페이스가 가볍게 떠 있는 시붕 아래에 펼쳐져 있다.

메탈릭한 분위기로 둘러 싸인 지하의 수장고는 미래의 보물들을 보관하는 국보창고와 같은 역할을 하도록 만들었다. 지붕은 박물관의 상징적 역할을 하도록 디자인 되어 있다. 박물관이 언덕 위의 집처럼 주변 경관을 크게 해치지 않고 살포시 내려앉아 있는 모양새다.

3-22. 입구부분의 캐노피

3-23. 박물관 모형

3-24. 야츠시로 성

3-25. 소장품

옛날 야츠시로성주인(八代城主)인 마츠이 가문이 소장했던 여러 미술품을 중심으로 과거부터 현재까지의 야츠시로의 문화와 역사를 소개하는 박물관이다.

대지내의 나무들은 가능한 남겨서 전면의 보행통로에서 보여지는 메탈릭한 건물의 외곽형태 실루엣이 나무의 녹색 사이에서 가려지게 의도하였다.

대지는 야츠시로 성지에 가깝고, 주변에는 문화시설이 모여 있어 있어 문화 교류 영역의 중심지 역할을 하고 있다.

3-26. 박물관에서 바라본 야츠시로 성지

3-27. 박물관 뒤편 주차장

3-28. 박물관의 주차장 진입로

3-29. 박물관 측면

3-30. 상부의 광정창

3-31. 지하 전시실에 비추는 채광

상부의 광정은 지하같이 설계된 1층부 상설전시장의 광원으로 사용되고 있다.

3-32. 카페테리아

3-33. 입구 유리벽면을 따라 만들어진 휴게 의자

입구 홀 부분에서 오른쪽으로 카페와 왼쪽으로 전시실로 들어 가는 입구로 나뉘지게 된다.

3-34. 입구 주변의 실내 흡연구역

3-35. 실내 흡연부스

현관 입구부분에는 실내 흡연구역을 두고 있으며 흡연 부스가 오픈형으로 되어 있는 것이 특징이다. 흡연부스 위에 제연설비가 설치되어 있다.

3-36. 화장실 인테리어

3-37. 전시실로 내려 가는 누드 엘리베이터

야츠시로 미술관에는 원형 디자인이 많이 보이는데 이는 건축조형언어로 원을 주제어로 하여 모든 디자인 구성에 활용한 것이다.

지하 전시실은 엘리베이터와 계단을 이용하여 내려 간다.

3-38. 지하 소장품 전시실로 내려가는 계단

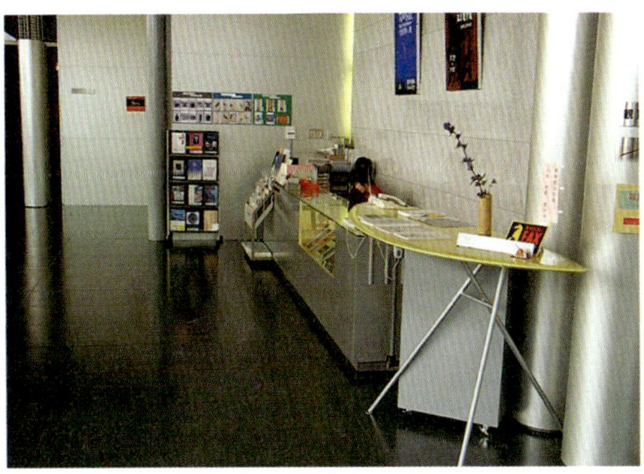

3-40. 안내 데스크

3-41. KAP 건축명패

3-39. 계단 핸드레일 디자인

3-42. 계단 아래 지하전시실 앞 자료검색대

3. 우토 마리나하우스

■ 건축가 : 요시마츠 히데키
吉松秀樹(よしまつ ひでき * Hideki Yoshimatsu)

1958년 효고(兵庫)현 출생
1982년 도쿄(東京)예술대학 건축학과 졸업
1984년 도쿄(東京)대학 대학원 석사과정 수료
1984년~87년 이소자키 아라타(磯崎 新) 아틀리에
1987년~91년 도쿄(東京)예술대학 건축과 조수
1991년 아키프로 개설
1998년 토카이(東海)대학 건축학과 조교수
현재 치바(千葉)대학 강사, 인터매디움 연구소 강사
하이즈카(灰塚) 어스워크 프로젝트 고문 외

○ 주요작품
宮崎골프클럽하우스, 小野덴탈오피스, 太田邸콤플렉스, 灰塚Earthworks Projects

■ 건축 개요

공원에 모이는 사람들이나 마리나를 생활의 장소로 하는 사람들에게 있어서는「집」이며「지역」의 이미지가 마리나 하우스에서 요구되고 있다고 생각했다. 거기서 매력적인 지역을 형성할 수 있는 골격을 만들기 위해, 하나로 연결되는 건물이 아니라, 몇개의 건축을 모은 이 미지로 설계가 진행되었다. 우선 기능적으로 필요한 크기로 연결시킨 최소한의 기본 모델을 작성하고, 그 건물들을 떼어 놓는 작업을 실시함으로써, 움푹 패인 것과 같은 잔여 공간을 다수 만들려고 시도하였다. 각각의 건물크기는 연속체 다각계 구조(メソッド)에 의해 모델링되고 서로 연속된 재질감의 소재를 사용하였다. 공용 부분이 적은 건축이지만, 내부와 외부를 반전해 사용함으로써, 내외부를 의식하지 않는 군조형(群造形)의 건축을 만들어 내려 하였다. 또, 보트 야드에 분산시킨 수리고(修理庫)와 정고(艇庫)도 위화감을 주지 않도록 형태를 기하학적으로 환원하여 같은 재질감을 줌으로써 마리나 파크 전체의 연속성을 높이고자 생각하였다.

■ 건축 데이터

명칭: 우토(宇土) 마리나 하우스うとマリーナハウス
소재지: 우토(宇土)시 시모오다마치(下網田町) 아자오고시키(字御興來) 3084-1
주요용도: 마리나 하우스, 수리고(修理庫) 정고(艇庫)
사업주체: 우토(宇土)시
부지면적: 90,000㎡
건축면적: 1,619.92㎡
연면적: 1,980.36㎡
층수: 지상2층(마리나 하우스, 수리고), 지상1층(정고)
구조: 철근 콘크리트조+철골조(마리나 하우스), 철골조(수리고, 정고)
공사기간: 1997년6월~1998년8월

3-43. 우토 마리나 하우스

3-44. 도크에서 바라본 마리나 하우스

3-45. 바다와 바로 연결된 도크

해양생활의 중심지로서의 역할을 하기 위한 시도로 주민들에게 마리나를 가깝게 유도하고자 시도되었다. 마리나하우스는 마리나의 관리운영 기능과 함께 레스토랑 , 연수차 마리나 파크에 방문하는 사람들을 위한 기능이 있지만 이곳을 방문하는 사람들을 위한 해양공원의 기능을 추가시킨 것이 특징이다.

바다를 가깝게 느낄 수 있도록 도크시스템을 조망할 수 있는 위치에 건물을 배치하였다. 1999년 〈구마모토 비래국체〉제육행사에서 경기장 관리시설로 사용되었다.

우토마리나하우스는 해양스포츠 및 레크레이션활동을 통해서 바다에 친숙해지는 기회와 휴식의 장을 제공할 목적으로 계획되어진 건물인 것이다.

공공건물로서 마리나하우스란 무엇인가를 생각하고 도시디자인적인 관점에서 앞으로 워터 프론트 개발이 빠질 수 없는 것이기에 지역 전체를 마리나 파크로 발전 시기키 위한 방안으로 계획하였다.

3-46. 바다와 접해 있는 우토 마리나 하우스

3-47. 주차장에서 바라본 모습

3-48. 측면에서 바라본 모습

그 결과, 계획하는 영역 전체를 마리나파크로 포착하여 설계제안을 하였다.
각 시설을 해변가에 위치 시켰고, 주차장을 루프형상으로 배치 시킴으로써 가벼운 마음으로 놀러 올 수 있는 공원이 되도록 하였다.

공원에 모이는 사람들과 해양생활의 장으로서 생활하는 사람들에게 있어서는 〈집〉이고 〈가로공간〉이 되도록 마리나하우스 이미지 디자인을 시도하였다.

3-49. 레스토랑으로 가는 계단

3-50. 레스토랑 내부

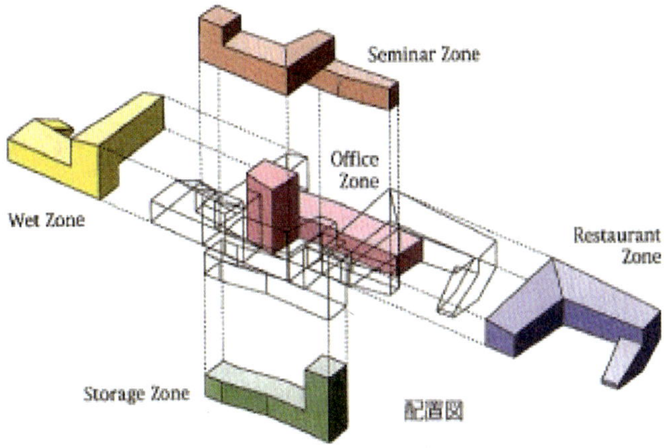

3-51. 블럭 다이어그램 전개도

매력적인 마을거리가 형성될 수 있는 골격을 만들기 위해서 하나의 덩어리가 아닌 몇 개로 나뉜 건물덩어리로 사람들이 모일 수 있는 공간설계를 진행하였다.

3-52. 오피스zone의 하부 필로티

3-53. 레스토랑 건물

기능적으로 필요한 볼륨을 연결시켜 최소한의 기본모델을 작성해 보고, 그것들을 더하고 빼는 작업을 통해서 잔여공간을 다수 만들었다.*

*참고 : 이 방법은 "연속체 메서드"로써 최소한의 기본 모델을 만들고 그들을 변형하는 작업에 따라 다양한 잔여 공간 (보이드)를 만들어 내려는 시도이다.
구체적으로는 먼저 주어진 기능을 구성하여 여러 Zone(영역)을 만들고, 필요한 음량(빼기/더하기)을 준 영역 모델을 만든다. 이 덩어리들을 집합시킨 기본 모델을 만든 다음 별도로 필요한 동선을 확보 해 나가는 작업을 실시했다.
공간에 크레바스와 같은 틈새를 만들어가는 작업인 것이다. 결과적으로 각 영역은 계획상으로도 건축의 형태에서도 독립적인 작은 건축이 있고, 그 각각을 연속체 메서드는 또한 수평 수직으로 변형시키고 있다.
평면으로는 직육면체로 구성된 덩어리에서에서 사선을 사용하여 크기를 잘라가는 방법과 기능면에서 도형을 이동시켜 동선을 확보하는 방법을 동시에 하며 기능적인 관계를 유지하면서 크기 트레이닝을 실현하고 있다.

3-54. 세미나실

3-55. 세미나 존 내부에서 레스토랑 존을 바라본 모습

3-56. 조화를 이룬 재료질감

3-57. 창고

각각의 볼륨은 연속체 공간으로 연결되어지고, 사용되는 재료질감으로 연속됨을 표현하였다. 공용 부분이 적고 소위 퍼스펙티브 인테리어가 없는 건축물이 되었지만, 내부와 외부를 반전 처리하여 내외부를 의식하지 않는 조형건축을 시도하였다.

보트야드와 떨어진 수리고, 선박창고도 전체와 조화를 이루는 스케일이 되도록 기하학적 형태를 부여 하고 있으나. 최대한 각 건물에 비슷한 질감을 주어서 마리나 파크 전체의 연속성을 높이도록 의도하였다.

4. 호타쿠보 제1단지-공영주택

■ 건축 개요

제한된 비용과 부지안에서 어떻게 살기좋은 주거환경을 만들까?
이것은 공영주택의 설계자인 건축가에게 직면한 과제이다.
이 단지는 기존의 남향으로 일정하게 늘어선 소위 '단지형'배치 대신, 각 세대가 중앙광장을 둘러싼 배치로 되어있어 이 공간이 110세대 전체의 만남의 장소가 될 수 있도록 기대하고 있다. 또, 각 세대는 중정(中庭)과 넓은 테라스를 소유, 항상 외부와 접촉할 수 있도록 하였다. 그 결과, 공영주택으로서는 일찌기 없었던 넓은 전용공간을 가질 수 있게 되었다.

■ 건축가: 야마모토 리켄
山本理顕(やまもとりけん * Riken Yamamoto)

1945년 북경 출생
1968년 일본대학 이공학부 건축학과 졸업
1971년 도쿄 예술대학 대학원 미술연구과 건축전공 수료
1971년 도쿄대학 생산기술연구소 하라 연구소 연구생
1973년 주식회사 야마모토리켄 설계공장 설립

○ 주요작품
山川山荘, 山本邸, 藤井邸, ガゼボ, ロトンダ, ハムレット

■ 건축 데이터

명칭: 현영(県營) 호타쿠보(保田窪) 제1단지 けんえいほたくぼだいいちだんち
소재지: 구마모토시(熊本市) 오비야마(帯山) 1-28
주요용도: 공영주택
사업주체: 구마모토현
대지면적: 11,184㎡
건축면적: 3,562 ㎡
연면적: 8,753 ㎡
구조: 철근콘크리트조(일부 콘크리트블록조)
시공기간: 1989년3월~1991년8월 (조경공사는 11월까지)

3-58. 호타쿠보 제 1단지

3-59. 도로에서 바라본 주택단지

구마모토아트폴리스의 여러 건축물 중에서 공동주택 제1호로 완성되었다.

같이 모여 사는 환경을 주호의 배치, 기능, 디자인 등에 의해서 어떻게 만들 수 있는가라는 관점에서 설계자가 고심하였다.

〈공동의 삶〉이라는 것은 지금 도시에서 추구되어지고 있으나, 아직까지도 그것을 위한 명료한 모델과 해답이 없는 상황이다. 공영주택은 어떻게 만들어져야만 하는 것인가에 초점을 두고 의욕적인 설계자의 생각이 제안되고 있다.

3-60. 세대사이의 계단실

3-61. KAP 건축 명패와 단지 배치도

3-62. 주택단지 측면

한정된 예산과 연면적 중에서 어떻게 풍요로운 주거환경을 만들 수 있을까?

이 문제는 공영주택 설계에 참가하는 건축가에게 주어지는 문제이고 해답을 재촉받게 된다.

이 단지에서는 종래의 남향배치로 정연하면서 같은 인동간격으로 늘어서는 단지형태를 채택하지 않고, 각 세대가 중앙광장을 에워싸는 형태로 배치되었다.

3-63. 단지내 중앙 광장

3-64. 중앙광장

3-65. 세대 앞 보행로

이 중앙광장은 110세대 전원의 만남의 장이 되도록 계획하였다. 또한 각 세대는 중앙광장과 넓은 테라스를 갖고, 항상 외부와 접할 수 있도록 설계하였다.

그 결과, 공영주택으로서는 기존에는 없었던 넓은 전용공간을 갖게 된 것이다.

3-66. 건물 측면에 위치한 주차장

3-67. 1층 필로티 공간

주차장은 건물 측면에 위치하고 있으며, 보차분리가 되어 있다.

자전거 주차공간을 1층 발코니 하부에 확보하고 있다.

3-68. 단지 주 출입구

내부 광장으로는 외부인의 출입이 불가능하게 닫힌 구조로 되어있다. 공동주택에 거주하는 사람만이 접근할 수 있다.

거주하는 어린이들은 외부인과 차단되어 안전하게 마음껏 뛰어놀 수 있는 오픈스페이스 잔디공간을 갖게 된 것이다. 주민들의 감시가 항시 가능하며 어린이 보호자는 집안에서 아이들의 상황을 확인할 수 있다.

3-69. 단지 주 출입구

3-70. 단지를 둘러싼 담장과 개방형 계단실

공동주택의 외부인과의 차단함으로써 어린이 유괴사고를 예방한다.

또한, 도난 사고를 방지하고자 낯선 사람을 확인할 수 있도록 개방된 계단형태를 취하고 있다.

제4강 넥서스 월드 NEXUS WORLD

넥서스월드 NEXUS WORLD

1986년부터 글로벌(Global)관점에서 일본 후쿠오카의 공동주택을 국제적 프로젝트로 계획하여 〈새로운 도시와 거주의 방향을 제안〉한다는 주제를 갖고 "넥서스월드"라는 이름이 태어났다.

4-01. NEXUS: "Next Us"의 조합어

넥서스의 의미는 Next-Us라고하는 뜻으로 다음 세대의 우리들이다. 이 단어가 등장한 것은 1988년 〈넥서스 카시이(香椎)〉에서 부터이다.

『NEXUS』란, "Next Us"의 조합어로서 일본인들이 만든 신조어이다.

굳이 의미를 해석하자면 "다음 세대의 후손들에게 쾌적하고 아름다운 도시공간을 물려준다"는 뜻으로서 "가로형 복합아파트"의 미래형을 제시하는 모델을 의미한다고 할 수 있다. 이에 따라 소규모 전문상점과 주택 혹은 도서관이나 쇼핑센타와 주택의 결합, 은행과 주택의 합병 등을 다루는 기획 프로그램에 의해 건설되었다.

4-02. 넥서스월드 주거 출입구

4-03. 넥서스 월드 주거동

획일적이며 개성이 없는 공동주택의 극복을 위해, 더 좋은 디자인과 개인의 감성을 존중하는 차세대 도시주거를 제안하였다.

도시생활자의 새로운 생활 디자인이며, "후쿠오카의 가로를 멋지게 하자"는 '거리 만들기 운동'이었다.

4-04. 주민 친화공간

Next-Us

도시디자인은 개발위주의 대도시화 추구한다는 생각에서 벗어나 도시에 거주하는 사람들의 인간성을 존중하며, 그 지역성과 조화를 이루는 도시의 개성을 창조하는 것에 주안점이다.

4-05. 아파트 단지 안의 수공간

4-06. 멀리 포잠박이 설계한 템피에르 동이 보임

4-07. 단지 내부 도로

4-08. 렘쿨하스 동의 배면부에 있는 주민공간

후쿠오카 지형상, 바다와 푸른 산들, 경제와 문화의 활기가 넘치며, 역사와 전통의 향기를 느끼게 할 수 있는 인본주의 개념에서의 사이즈 및 스케일을 결정하였다. 타 대도시들에서 잃어버린 인간성을 존중하였다.

4-09. 후쿠오카 항

4-10. 휴먼스케일을 고려한 저층의 주거동들

세계에서 인기있는 도시들의 공통점은 그 도시만의 독자적 분위기와 개성을 가지고 있다. 그 도시밖에 없는 매력과 지역성, 존중하는 도시공간 만들기가 있으며 개인적 삶의 방법과 감성을 도시공간에서 매몰 시키지 않고 존중하는 신 도시주택의 제안이었다. 후쿠오카(福岡) 하카타(博多)지역을 중심으로 세계를 향한 신 도시주거형태를 발신하게 된다.

넥서스월드 카시이(香椎)프로젝트

■ 넥서스월드 카시이(香椎)프로젝트 개요
후쿠오카시의 동쪽 바닷가 근처 카시이(香椎)지역에 건설됨.
프로젝트는 1기와 2기로 나누어 추진.
제1期는 중저층 공동주택 192호, 상점 16호 건설.
참가 건축가: 오스카 투스케, 크리스챤 드 포잠박, 이시야마 오사무,마크 맥, 램 콜하스, 스티븐 홀 = 6명

◎ 대지위치 : 후쿠오카시 동구 가시이 4가
◎ 대지면적 : 9,947.81㎡
◎ 건축면적 : 2,033.72㎡ ◎ 연 면 적 : 14,330.95㎡
◎ 건 폐 율 : 27.8% ◎ 용 적 율 : 148.51%
◎ 총세대수 : 250세대 ◎ 주요구조 : RC조 4층~14층
◎ 준공년도 : 1991년

프로젝트 1기 건축가들에게 1)기본설계의 제안, 2)시공프로세스의 디테일의 지시, 3)인테리어 코디네이션, 4)가로공간의 디자인 요구.
1989년 1월에서 2월에 걸쳐 첫번째 제안하였고 그 후 몇차례 협의 후에 1989년 5월 FIAC`89 (후쿠오카 국제 건축가 의회)에서 최종 기본설계를 제안하도록 하였다.
이후 설계안의 검토 및 확정이 진행되었고 1990년 3월 착공 후 1년의 공사기간을 거쳐 1991년 3월에 준공되어 일반인에게 공개 후, 판매되었다.

넥서스 프로젝트의 코디네이터인 "아라타 이소자키"를 중심으로, 바르셀로나의 오스카 투스케(Oscar Tusquets), 파리의 크리스티앙 포잠박(Christian de Portzamparc), 오스트리아의 마크 맥(Mark Mack), 로테르담의 렘 쿨하스(Rem Koolhaas), 뉴욕의 스티븐 홀(Steven Holl), 일본의 오사무 이시야마(Osamu Ishiyama) 등 6인의 세계적인 건축가들이 설계에 참여 하였다.

4-11. 넥서스 월드 모형도

이외에 협력 건축가를 포함하여 100여명의 서로 각기 다른 문화와 생활권의 건축가들이 모여, 건축을 통하여 한편의 오케스트라를 연주하기 위하여 5개국 언어가 난무하는 고통을 감수하며 작업을 진행하였다.

약 250세대의 집합주택을 짓기 위하여 설계와 시공을 통틀어 연인원 9만 2천명이 참가한 이들의 목적은 "좋은 집을 짓겠다"는 것이었다.

그래서 이곳에 모인 모든 사람의 꿈과 정열이 만들어 낸 미래형 도시공간이 형성된 것이다. 결국 이들은 한 불록에 불과한 대지 위에서 세월과 함께 풍화되는 주거단지를 지은 것이 아니라, 자기 스스로 잊고 있던 아름다움을 해외 건축가의 욕망에서 수입하여 찾은 셈이다.

그리고 세계의 유명 건축가의 대열에 일본 건축가를 포함시켜 건축을 사랑한다는 공명심을 보여주고, 내일을 제시하여 소유하는 여유를 갖게 되었다.

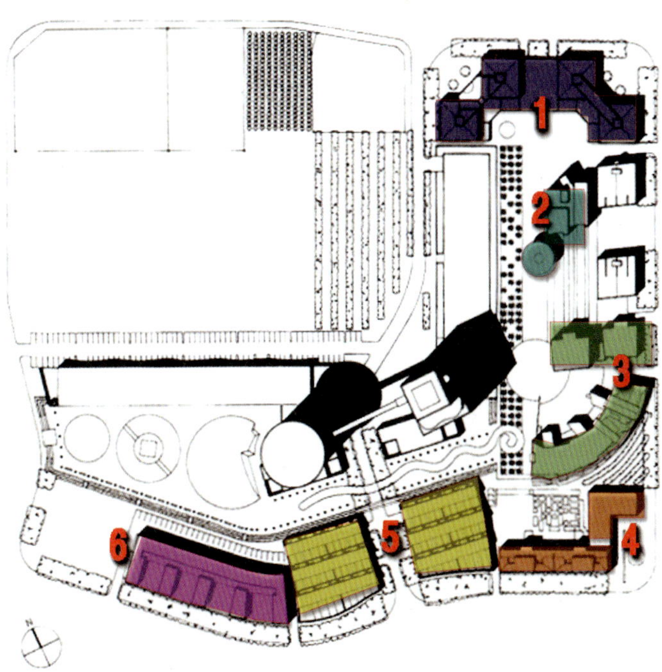

1. 오스카 투스케
2. 크리스챤 드 포잠박
3. 이시야마 오사무
4. 마크 맥,
5. 램 콜하스
6. 스티븐 홀

4-12. 넥서스 월드 단지 배치도

1. 오스카 투스케 (Oscar Tusquets) 설계동

■ 건축가 : 오스카 투스케 (Oscar Tusquets)

1941년 스페인 바르셀로나 출생
바르셀로나 미술공예학교에서 디자인 수학
바르셀로나 고등건축기술학교 졸업
페데리코 꼬레아 앤드 알폰소 밀라 사무소에 근무, 1965년 공동으로 PER을 설립.
1983년 프로덕트 디자인회사 B.D.을 개설=가구,프로덕트를 디자인했으며 골드 델타 상(Gold Delta Award)을 3회 수상.

오스카 투스케는 유럽의 전형적인 건축가답게 동서의 양 모퉁이에 대칭으로 건물을 배치하고 고전적인 외관을 부여하였다.

스페인의 전통적인 감성을 살려 건축된 오스카 투스케 동은 두 개의 동을 균형잡힌 심메트릭(symmetric)함으로 배치하였다. 그러나 사실 오스카 투스케 동은 심메트릭함을 내세웠지만 사실은 서로 다른 성질의 두 건물이다. 동쪽 건물과 서쪽 건물은 매우 유사하지만 외관 디자인이 미묘하게 다른가 하면 안쪽의 만듬새도 다르다.

올리브색의 스페인식 기와와 어스컬러(earth color)를 바탕으로 하는 벽돌타일외관으로 안정된 색채를 추구하였다.

키스톤을 이미지한 동쪽 건물의 아치 아래로 펼쳐지는 아케이드는 중정으로 가는 입구 뿐만 아니라 가로 공간에서 통행인들에게 개선문을 느끼게 한다. 타일로 색채의 수를 놓은 넓은 파티오에서부터 개선문을 상기시키는 아케이드로 이어지는 엔트런스 어프로치(entrance approach)가 오스카 투스케 동의 특징이다.

봄, 여름, 가을, 겨울의 각 계절 이미지로 그려 놓은 스테인드 글라스, 컬러 샤시로 가장자리가 마무리 된 둥근 창, 섬세한 디자인의 코니스(차양) 등, 건축가 투스케의 출신지인 스페인 카탈로니아 지방의 특색이 여기저기 눈에 띈다.

내부에도 카탈로니아의 깃발을 디자인한 두장짜리 미서기, 리빙도어 등이 있고 일본식 방의 다운라이트 조명등, 공간의 구석구석까지 디자인 센스가 배려되어 있다.

대부분의 주거가 100㎡이 넘는 3LDK가 80%로 구성되어 있고, 4LDK 중심의 여유 있는 간살구성*이다. 클래시컬 엘레강스의 이미지로 여섯 건축가 중에서는 매우 안정된 분위기의 디자인이다.

* 간살구성: 건물을 구성함에 있어 기둥과 기둥사이를 하나의 단위로 삼았는데 그것을 간(間)이라 한다.
현재는 정면 측면 몇칸이라 계산한다.

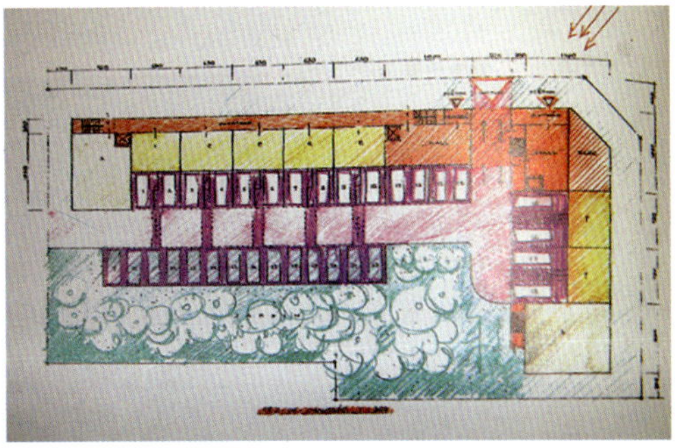

4-13. 1989년 1월 오스카 투스케의 최초 제안 디자인

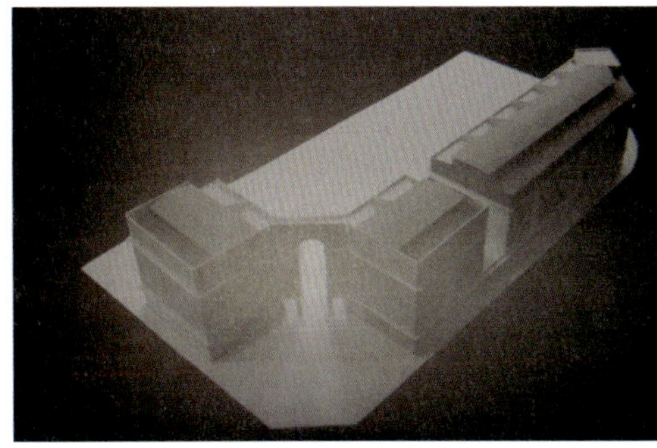

4-14. 초기 모형

최초의 제안은 두개의 동으로 나뉜 안이었다. 평면적으로도 별로 특색이 없었다.

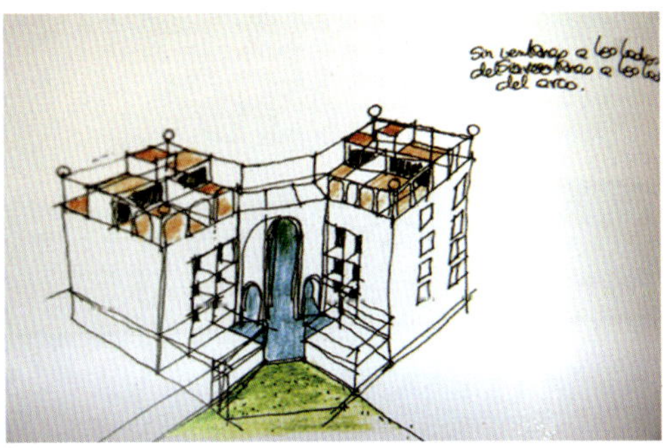

4-15. 1989년 2월 수정안.

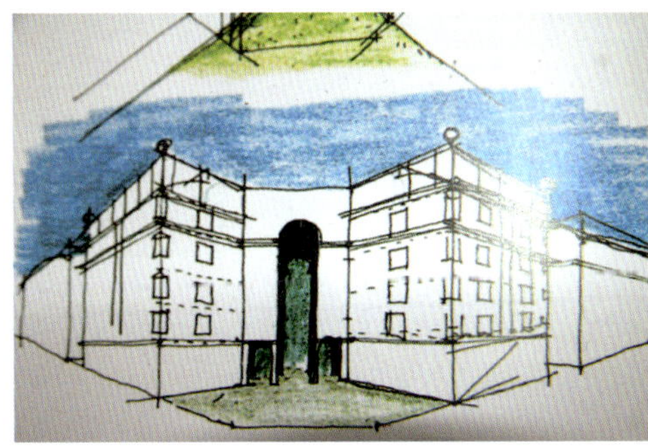

4-16. 1989년 5월 수정안

1989년 2월에 제출된 수정안에서는 부지 전체의 입구를 의식한 거대 문과 같은 디자인 안이었다. 입면의 형상에서 개선문과 같은 문을 중심으로 대칭성이 강조된 디자인 안으로 구성되었다. 1989년 5월에 최종안에 가까워졌다.

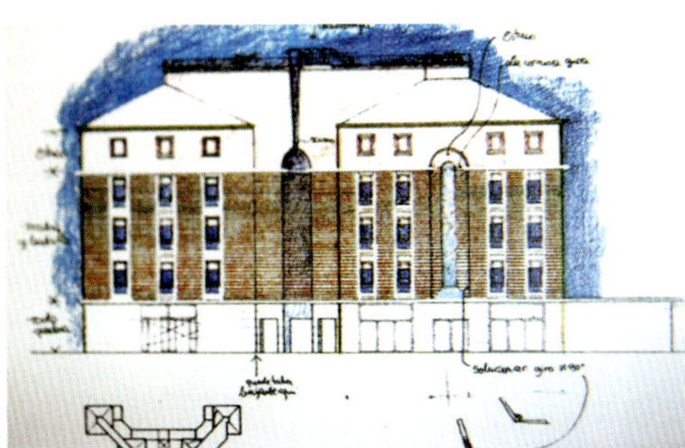

4-17. 최종안에 접근된 스케치

4-18. 모형

개성있는 입면형태를 제공하고 있으며, 거주자들은 상징성이 있는 대문을 매일 드나들게 된다. 이 개선문과 같은 아케이드가 있는 부분은 모서리 부분으로 채광성이 안좋은 위치로 마음껏 높은 아케이드를 만들 수 있었다.

도면출처:넥서스월드,서우문화사,1995

4-19. 넥서스월드 전체의 북쪽 얼굴로서의 오스카 투스케 동 :동쪽 광장과 출입구

상징적인 출입구는 거주자들에게 개선문을 느끼게 할 만큼 멋지다. 평소 일본건축에서는 느낄 수 없었던 강한 인상을 제공한다.

4-20. 동쪽 건물 엔터런스

4-21. 동쪽 건물의 외관

입면구성에서 섬세함이 돋보인다. 3층 구성으로 된 외관을 둘러싸고 있는 코니스는 깊이 조각된 창과 함께 독특한 외관미를 형성한다. 노란색 목재의 발코니 난간이 대비를 이루며 부드럽고 차분한 주거환경을 연출하고 있다.

대칭적인 창문의 배치, 외관를 둘러싸는 코니스의 장식, 전체 부지의 아케이드가 되기도 하는 개선문, 전통의 분위기를 풍기는 올리브색상의 스페인식 기와 및 벽돌타일과 섬세한 줄눈, 세월과 함께 그 정취를 더욱 깊게 하는 것이라는 오스카 투스케의 철학을 그대로 표현하는 것이라 하겠다.

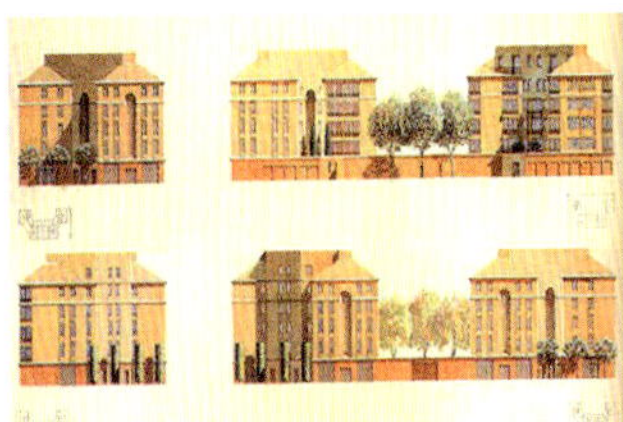

4-22. 초기 입면 계획 디자인

4-23. 액센트를 준 청동색의 처마홈통

봄과 여름, 가을, 겨울의 내용으로 춘하추동을 묘사하고 있는 스테인글라스는 동쪽 건물에 2개, 서쪽 건물에 1개가 계단실에 설치되어 있다. 규모는 폭1m, 높이 8.5m로 낮에는 태양의 빛을 받아 계단실을 빛과 그림자의 예술로 감싸고 밤에는 내부로부터 조명이 나와 가로를 걷는 보행자에게 아름다운 색감을 표현한다.

이 장분은 스페인의 스테인글라스 기능공 바르데페레스*가 직접 만든 수제품이다.

4-24. 스테인글라스

4-25. 스테인글라스 디자인 디테일

창문틀은 검은색과 블루의 배색으로 전통속에서도 현대의 모던한 감각을 표현하고자 했던 설계자의 의도를 엿 볼 수 있다.

*바르데페레스-1946년 스페인 바르셀로나 생, 1985년 바르셀로나에서 개최된 〈제1회 국제 스테인드글라스 경기대회〉에 입상, 1988년 안토니오 가우디의 작품 〈사그라다 파밀리아〉 복원공사를 실시.

도면출처:넥서스월드,서우문화사,1995

4-26. 창호부분과 발코니

4-27. 저층부의 입면

입면형태와 색채의 차분함 속에서도 창호부분과 발코니 부분 및 저층부에서 변화감을 연출하고 있다.

4-28. 도시의 랜드마크 역할을 하고 있는 주거동의 코너 출입구

1층에는 주거공간이 계획되어 있지 않고, 주차장과 상업공간으로 구성되고 있다.

가로공간의 모서리 부분은 도시공간 속에서 매우 눈에 잘 띄는 부분으로 개성있는 건물 입면형상으로 가로공간 속에서 도시의 랜드 마크적인 역할을 하고 있다.

4-29. 서측 주거동 엔터런스

4-30. 서측 주거동 출입구

4-31. 서측 건물 앞 광장

동선체계에서도 진입공간의 변화감을 보여주고 있다.

4-32. 개성있는 주차장 출입구 디자인

주거동에 들어서면 작은 중정이 있으며 여기에서 주차장으로 갈 수 있는 출입구가 있다. 출입구 부분에 식재를 함으로써 인공적인 건조함을 없애며 자연스러운 진입공간이 되도록 부드럽게 완화시켜 주고 있다.

4-33. 주차장

4-34. 주차장에서 세대로 진입하는 출입문

1층부에는 프라이버시를 고려하며 주호를 계획하지 않고 주차공간으로 계획하였다. 강렬한 일사를 차단하여 차를 보호할 수 있는 주차장으로 설계되었다.

4-35. 디자인 루버로 덮은 에어컨 실외기

4-36. 세대별 전용 자전거 주차장

창호부의 섬세한 디자인을 살펴볼 수 있다. 노란색의 디자인 루버는 에어컨 실외기가 외부에서 직접 보이지 않도록 가려준다. 벽돌색과 노란색의 발코니 디자인 루버는 색상으로 조화를 도모한다. 창호 상부에는 기하학적 변화를 시도하여 점, 선 면으로 확대되는 디자인을 볼 수 있다. 1층부에 추가로 공조설비를 설치할 수 있도록 공간을 확보하고 있으며, 세대 별로 자전거 주차장도 확보하고 있다.

2. 크리스티앙 포잠박 (Christian de Portzamparc) 설계동

■ 건축가:크리스티앙 포잠박

1944년 프랑스 카사블랑카 출생.
1966년 파리 국립고등미술학교 졸업.
뉴욕의 콜럼비아대학에서 건축에 관한 이론적 연구활동에 종사.
1970년 초에 사회학자, 심리학자들과 함께 파리의 교외에서 뉴타운 주민의 공간인지에 관한 조사를 했으며, 건축에 새로운 시점을 포함 시켰다.
건축가로서의 활동은 1971년부터이다.

초기 디자인에서 도로변을 따라 가늘고 긴 연속적인 건물을 제안했던 포잠박은 자유로운 설계안을 요청받자 이에 자극받아 파리로 돌아가 1989년 2월 이미지 스케치안을 보내왔다.

변경된 설계안은 대지 전체를 사등분하여 각각에 개성적인 이미지를 부여하면서 동서로 확장된 배치를 하고 있다. 단단한 2개의 프레임동, 그 이름대로 산 모양을 본 뜬 마운틴 동, 작은 타워와 같은 텐피에트 동 등 3타입의 주동으로 이루어져 있다.

각 동은 형태도 색깔도 다르며 한 장의 그림을 느끼게하는 신비한 공간을 구성한다. 유리블럭이 외벽 일부에 사용되기도 하고 타원형 나선계단, L자형 창문디자인, 월드루 다입의 우편물 받이가 있는 엔트런스가 특징적이다.

또한 외구(外構)에는 운하를 비롯하여 깨끗한 굵은 자갈이 깔린 코트야드, 식재 등 은 저마다 개성적인 표정을 보인다. 내부에서는 방안 깊숙이 햇빛이 찾아드는 밝은 윈터가든, L자형의 창문 디자인이 있는 욕실에리어, 남쪽의 넓은 리빙공간 등 기능적 디자인의 특징이 풍부하다.

4LDK 타입을 중심으로 하는 전호 100㎡이상 넓이의 여유있는 간살잡이 구성이다. 거의 모든 집에 일본식 룸이 있는 안정된 주거 평면설계이기도 하다.

4-37. 크리스티앙 포잠박(Christian de Portzamparc) 2~4동 배치도

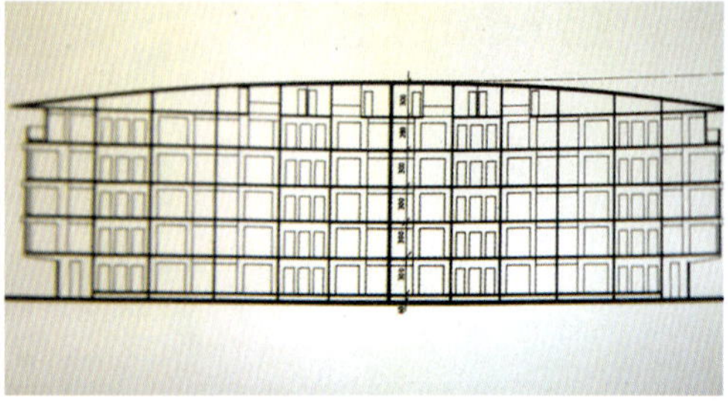

4-38. 1989년 1월의 최초 설계안 : 남북으로 전개되는 장방형의 1개동으로 구성된 단일건물

4-39. 수정 설계안 이미지 스케치

건물을 4개동으로 분절하고 도로측에서 접근하여 각 동 사이를 지나가면 중앙의 공원에 접근할 수 있도록 설계했다. 덩어리 형상의 입면을 구성하여 산과 같은 건물(마운틴 동)과 대조적으로 명쾌하고 작은 탑의 이미지를 자아내는 원형의 건물(템피에토 동)로 구성되었다.

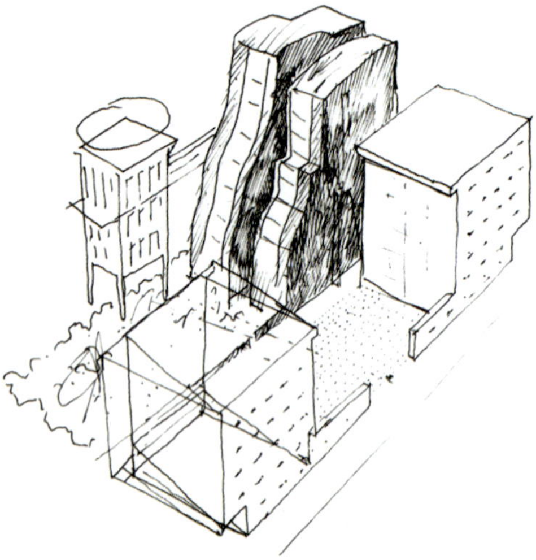

4-40. 유기적인 존재감을 나타내는 마운틴 동 스케치

유기적인 존재감을 나타내는 마운틴 동은 블랙콘크리트 화강암의 파쇄 타일을 랜덤하게 박아 넣는 새로운 기법이 채용되었다.

건축가 크리스티앙 포잠박은 도시생활자들의 소망을 강, 바다, 공원 등 자연과 접촉하며 사는 것으로 해석하여, 공원 주위에 건물을 배치하는 형태로 결정지어진다. 따라서 건물은 중정을 가운데 두고 4개동으로 나뉘어진다.

4-41. 마운틴 동 엔트런스 스케치

마운틴동 엔트런스는 올라가는 계단의 벽부분까지 외벽과 같은 블랙콘크리트가 랜덤하게 박혀져 있다. 이 외벽의 이미지는 정원의 운하까지 이어져있다.

이것은 안과 밖의 통합과 연속성을 표현한다.

도면출처: www.portzamparc.com

4-42. 마운틴 동과 템피에토 동

4-43. 인공운하

창이 외벽 밖으로 돌출되도록 시공하기 위해서 구조설계상의 검토를 시행하였다.
6명의 건축가 중, 가장 많이 관계 스텝들의 에너지를 소비하게 했다.

마운틴동 옆으로 인공 운하가 흐른다. 이곳을 건너기 위해서는 다리를 이용해야만 한다. 건축공간에서는 건물이 각각 독립된 가치를 지니는 것이 아니라, 그 가치는 관계와 대립 안에 있다고 하는 설계자의 의도를 읽을 수 있다.

덩어리의 매스감과 구축성이 표현된 건물이 대조를 이루고 있다.

4-44. 템피에토(tempietto)동

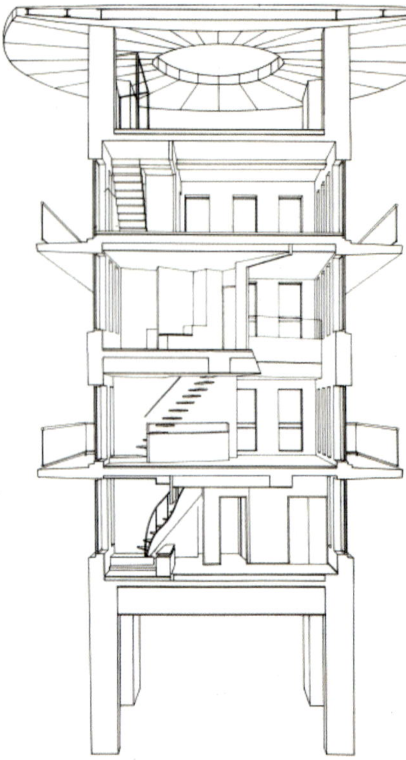

4-45. 템피에토(tempietto)동 유니트플랜 단면

템피에토(tempietto)동은 마운틴동과는 대조적으로 경쾌한 이미지를 만들고 있으며 1층부는 주호의 프라이버시를 위해 주호를 만들지 않고, 개방적인 정원공간과 연결시켜 들어 올리고 있다.

단면을 보면 각 층마다 사방에 많은 창문을 설치하고 있다. 개방감 넘치는 주거공간 의도. 마운틴동과 공중복도를 통해서 연결되며, 옥상은 금빛 금속성을 띤 원형의 지붕 부분을 갖는 테라스로 설계되었다.

이곳 옥상에서 넥서스월드 전체를 360도 조망 가능하다.

4-46. 인공운하의 작은 다리

4-47. 산책로

정원을 산책하기 위해서는 인공운하의 작은 다리를 건너야만 한다.

또한 산책로는 마운틴동에서 표현되어졌던 블랙콘크리트가 랜덤으로 박힌 형상으로 디자인 되었다. 이것은 주거동 전체의 통합과 연결감을 연출하고자 의도한다.

4-48. 주차장

마운틴동 1층과 그 밖의 지상층는 주차장으로 계획되었다. 주차장 계획에서 주차간격이 여유로움과 가로수 공간이 함께 어우러져, 주차공간이 마치 공원과 같은 느낌을 자아낸다.

4-49. 마운틴 동의 창문디자인

4-50. 연결 브릿지

템피에토(tempietto)동은 주 건물(마운틴동)과 3층에서 브릿지로 연결되어 있어 부유하는 의미를 주고있다.

동양의 사상과 같이 양과 음의 조화를 시도하고 있다.

4-51. 가벼움과 무거움의 중량감 대비

제5강 넥서스 월드 NEXUS WORLD 2

3. 이시야마 오사무(Osamu Ishiyama) 설계동

■ 건축가 : 이시야마 오사무

1944 년 일본 오카야마 태생. 와세다대학 교수.
1962 년 와세다 대학 고등 학원 졸업.
1966 년 와세다 대학 이 공학부 건축학과 졸업.
1968 년 동 대학원 건설 공학과 석사 과정 수료.
1968 년 설계 사무소 개설.
1988 년 와세다 대학 교수.
2008 ~ 09 년 토호쿠 대학 비상근 강사 .

오사무 이시야마(Osamu Ishiyama) 5~7동

"집은 살기 위한 기계이다"라고 말한 르 꼬르뷔제가 생각나는 작품으로 처음부터 부지에서 많이 삐져나온 바나나 형태의 배치를 제안하였다.

바나나, 파인, 야자나무 등의 이름으로 명명된 3개의 동은 각각 비틀리기도 하고 기울어지기도 하며 기하학적인 균형을 자아내고 있다.

아마도 전체적인 형상이 야자수와 비슷해서 그러한 듯하다. 건물 3개동의 배치는 북쪽으루 타워형 건물 2개외 남쪽으로 저층 선물이 배치돼 있다.

한 가구의 규모는 35PY으로 일정하지만 평면은 3개동을 통틀어 6개의 종류를 보여준다. 3개동 합쳐 전체 가구 수는 51가구이다.

외벽은 흰유리타일과 콘크리트 제물 치장이다. 또한 중정은 약 4m 높이의 성토축산을 두고 있으며 색다른 느낌의 풍경을 만들어 내고 있다. 도로에 면한 좁은 폭의 통로는 방문객들로 하여금 내부에 대한 궁금증을 유발하게 하는 장치가 되고 있다.

설계개념:
1980년대 실험되어진 디자인 어휘가 공동주택에서 전개되지 않은 점에 문제 제기를 하였다. 당시 일본의 단독주택은 토끼장으로 불리울 정도였고 주택공단의 대표격인 퍼브릭하우징은 초기근대건축의 저급수준의 디자인만을 반복하여 토끼장과 같은 성냥갑 디자인만 늘어놓고 있었다. 오사무는 그 토끼장과 성냥갑의 도시협곡에서 어떻게 탈출할 것인가? 라는 고민에 전력한 작업이 넥서스 월드 주거동이다.

일본의 공동주택은 합리성과 편리성만을 추구하여 무미 건조함.=정연한 인동간격, 놀라운 균질성

주거=쉬기 위한 장소, 풍요로운 햇살, 싱그러운 바닷바람-개방형 건축으로 이행

숲의 은유=숲은 은밀하게 축선이 합쳐지기도 하고 눈앞의 벽이 빌려온 경치와 같기도 하며 복잡한 형식으로 실현. 움직임을 잉태한 부드럽고 유동적인 상태를 만들어내고자 생각함.

5-01. 건축 모형

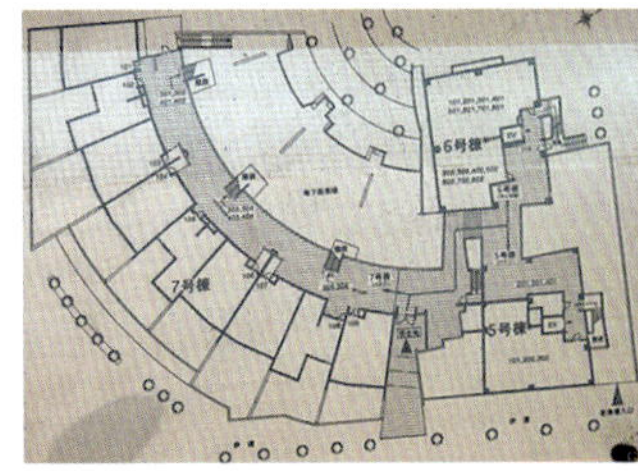

5-02. 세대 평면도

5-03. 7호 바나나 동

외벽재료는 노출콘크리트로 구성되어 은회색의 금속재를 병행하여 사용하고 있다. 날카로운 건축언어를 사용하고 있으며 매우 복잡한 이미지를 연출하고 있다. 이것은 숲을 은유하고자 했던 건축개념 때문이다.

5-04. 6호 야자나무 동

각각의 주거동은 비틀리고 기울어져 있는데 복잡한 숲과 같은 상태를 만들어 내려 했기 때문이다. 주변에는 크리스티앙 포잠박의 금빛 템피에트 동, 마크 맥의 레드빌딩 등 적, 황, 금, 흑, 백색의 색채와 전체적으로 어울리도록 당초 계획인 녹색을 포기하고 노출콘크리트 회색과 유리타일 마감으로 하였다.

건축가가 자신의 건축 주장뿐 만 아니라 전체와 부분이 조화를 이루도록 배려한 점 보인다.

5-05. 지붕층의 가벼운 루프

많은 형태 가운데 지붕층의 가벼운 루프(밸런스 루프)는 하나의 질서를 만들어 내는 역할을 한다. 숲을 연출하기 위한 작은 부품이다. 밸런스 루프가 나무와 작은 가지, 나뭇잎을 연상시키도록 건축가는 의도하였다.

5-06. 중정에서 바로본 5,6,7호 동

5-07. 파도형 콘크리트 면

현대 일본공동주택에서 보여지는 토끼장과 같은 상자곽 형태의 아파트 형식을 탈피하고자 의도하고 있다.

파도형 콘크리트 면과 각종 기하학적 형태는 단순한 벽면에 다양한 구성면을 제공하며 시간과 경과에 따른 그림자의 연출로 무미 건조한 담의 느낌이 제거된다.

지금까지의 집합주택 개념을 타파했다고 볼 수 있는 이 세개의 동은 각각 전위적인 형태를 가지고 있지만 하나의 모습을 연출한다. 그것은 "숲"이다. 야자나무 동을 자세히 보면 건물의 벽면이 건물의 바깥쪽으로 기울여진 형태이다. 위로 올라 갈수록 벽면이 밖으로 넓어진다. 이 "기울어짐"이 이 단지에 움직임을 만들어 주고 숲이라는 느낌을 연출한다.

5-08. 5호 동

5-09. 주차장

입면에서의 다양함은 개성적인 느낌을 더해주고, 건축가가 스페인 바르셀로나에서 보았던 반투명 유리타일의 질감을 차용하고 있다.

유리벽은 빛에 의해 한없이 변화한다.
아침광선, 여름광선, 오렌지빛 석양, 흐린날, 비오는 날, 달밝은 밤, 흰 유리타일은 여러가지 건축풍경과 빛을 연출하는 장치이다.

거푸집에 파도형 플라스틱판 장치해 두고 콘크리트를 타설하면 파도형 콘크리트면이 만들어 진다. 지하주차장의 벽면, 현관 옆 등에 적용하였는데 단조롭고 차갑게 느껴지기 쉬운 콘크리트에 인간적인 따뜻함, 기능공들의 손길이 간 체온을 남기고자 하였다.

이 집합주거 단지에서 주차장은 여러 가지 디자인이 시도되어 있는 것이 특징이며, 주차장이 텅 비거나 차가운 공간이 되지 않도록 일정한 간격으로 구획한 벽, 그리고 파도형 무늬를 벽면에 계획함으로써 따뜻함을 느낄 수 있다.

5-10. 가동의 안뜰 (지하주차장)

5-11. 바나나동의 회랑과 계단

회랑에서든 계단에서든 안뜰(지하주차장)과 언덕을 바라 볼 수 있으며 아버지가 귀가하는 차를 바라볼 수 있고 아카시아 숲에서 아주머니들이 쉴 수도 있다.
즉, 언덕 아래 주차장은 필요에 따라서 이벤트 공간으로 변신할 수 있다.
어머니들의 바자회 장소가 되기도 하고 작은 야외콘서트 장소로도 사용될 수 있다.
언덕의 경사면은 자연을 연출함과 동시에 아이들의 놀이터가 될 수도 있다.
이 언덕에 앉아 콘서트 음악을 들을 수 있는 것도 이곳에 사는 특권일 것이다.

5-12. 바깥도로에서 주거 내부로 통하는 뜰길(깔기와)

주거내부로 통하는 뜰길에는 그을린 깔기와로 포장되었으며 이 보도를 밟고 진입한다. 세월이 경과 될수록 마찰 면은 광택이 난다. 착시효과를 노리고 있으며, 정문을 열고 들어가면 각 주호로 연결되는 회랑으로 연결되어 있다.

5-13. 중앙 정문 출입구

정문입구 우측 편에는 각 주호의 메일박스와 호출할 수 있는 인터폰설비가 있다. 외부로부터의 입구를 중앙의 문 한군데로 집중시킨 후 자동잠금시스템을 사용하여 출입할 수 있다.

방문자는 중앙인터폰을 사용하여 방문처를 호출 한 다음 출입이 가능하다.

5-14. 바나나 동 끝에 만든 3층 메조네트형

5-15. 크리스티앙 포잠박동의 운하의 축과 마주치는 이시야마 오사무 6호 야자나무 동

다양한 입면디자인으로 가로공간에서 지루함 없이 개성있는 표현을 한다.

평소에는 날카롭게 느껴졌던 건축형태는 무더운 일본의 여름날, 나른해지는 가로의 풍경에 경쾌함과 청량감을 제공한다.

4. 마크 맥(Mark Mack) 설계동

■ 건축가 : 마크 맥

1949년 오스트리아 태생. 빈의 예술아카데미 대학원 수료후 스위스 취리히 슈타이거 사무소, 빈의 한스홀인 사무소에 근무.1978년 앤드류베이티와 공동으로 베이티 앤드 마쿠사무소를 설립. 1985년에 독립. 1986년 미국 캘리포니아대학 버클리교에서 조교수로 부임.

마크 맥(Mark Mack) 8동

캘리포니아의 밝은 이미지를 연상케하는 색상으로 외장을 장식하고, 넥서스 월드의 L자형 부지의 모서리 부분에 위치하는 상업복합 주거동이다.

넥서스 월드의 게이트 역할을 하는 입지적 특성을 가지고 모서리에 열린 공간을 마련하였다. 카시이 중학교와 마주하는 모서리의 열린 공간은 모든 방문객들에게 공개된 매력적인 소광장으로 조성되었다.

마크 맥은 공공성과 사유성 그리고 거주성과 상업성이라는 서로 대립되는 개념의 처리에 고민하였고 이원성(duality)으로 나타난 것이다.

알루미늄 스팬드럴 멋을 낸 황색 슬라브 빌딩과 레드스터코우의 벽에 목재샤시 및 루버를 사용한 붉은색의 레드 빌딩이 한데 어울려 있다.

강렬한 색채계획이 특징적이다. 컬러풀하고 모던한 외관, 인너(inner)가든을 바라보는 로비에 벤치가 설치되고 퍼브릭 프라자에는 안개 발생장치가 있는 등 외부 디자인이 특징적이다.

설계개념:
주택설계시 관심사 3가지
1)도시의 형태:도로와 공원과 건물에 의해 만들어지는 도시가로
2)다양한 주공간: 거주자에게 다양한 가옥과 주거형태 제공
3)공공성과 프라이버시: 일반인과 거주자가 다양한 형태로 사용할 수 있는 퍼블릭 공간(공적공간)과 프라이버티 공간(사적 공간)

5-16. Courtyard view

현장 장소분석:
-동서축의 도로는 상업색이 짙은 도로이고 남북축 도로는 주거성이 드러난 거리로 해석.
-도시의 상황을 반영시켜 건물을 디자인함.

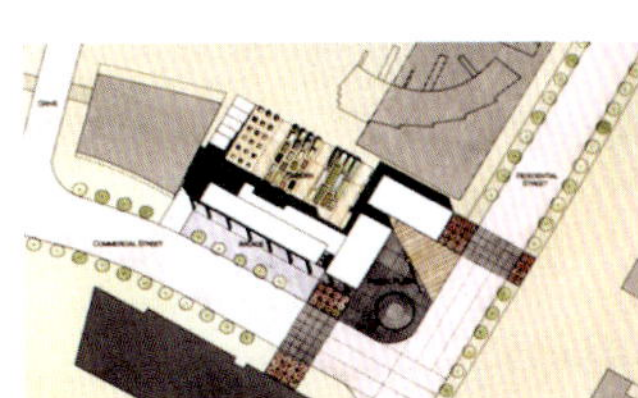

5-17. Site plan

5-18. 큰 쪽 건물은 그레이색 ; 슬라브 빌딩

5-19. 작은 쪽 건물은 붉은 색 " 레드 빌딩

전체적으로 디자인의 두얼굴을 표현하였다. 블록은 '공공성'과 '개인성'의 모습을 표현하며, 가로는 '주거공간'과 '상업공간'의 두 형태를 만들어 낸다.

색의 표현에 있어서도 큰 쪽 건물은 그레이 색, 작은 쪽 건물은 발랄한 붉은 색으로 조화를 추구하며, 또 한 편으로 대조시켜 경쟁하고 융합시키고자 의도하였다.

5-20. 상층부에서 본 프라이비트 정원

5-21. 마치 건물 그리드의 연장으로 보이는 정원

거주하는 주호동 상층부에서 내려다 본 정원은 그리드로 구성되어 있다.

이곳에서 아이들은 미로를 찾아다니듯이 재미있는 놀이를 할 수 있다.

5-22. 1층 아케이드

보도공간의 도로를 따라서 다용도 아케이드가 있으며 이곳은 상업공간으로 구성되어 있다. 상업공간은 전면에 소 광장에 셋백되어 있고 1층의 매장들은 사선 형태로 배치되어 있다.

5-23. 소 광장에서 바라 본 레드 빌딩 출입구

5-24. Private stair tower

레드 빌딩은 다양한 입면형태와 출입구를 구성하며, 베이지색으로 칠해진 슬라브 빌딩과 연결되어 있다. 1층의 계단을 올라오면 엔터런스 로비공간을 접하게 된다.

이 엔터런스 로비에서 빌딩의 수직 통로인 계단타워는 정원의 그리드 형태와 연결되며 옥상까지 연결된다. 계단 타워의 열린 개구부에서 보여지는 정원과 주변 풍경은 다양하다.

5-25. 가로공간에서 진입하는 출입구

5-26. 로비 지붕

레드 빌딩과 슬라브 빌딩 사이에는 출입구가 있으며 두 빌딩은 가운데 출입구로 연결되어 있다.

슬라브 빌딩의 입구부분의 내부 모습이다. 슬라브 빌딩의 주 출입구를 통해 진입하면 장방향의 엔터런스 로비가 있다.

다양한 유럽풍 원색의 색조와 바닥 디자인 및 입면구성으로 밝은 로비공간을 구성한다.

5-28. 내부 모습

5-27. 슬라브 빌딩 엔터런스 로비

주호에서 현관 로비쪽으로 바라보면 천장부의 입체적 디자인 기법은 빛에 비춰진 그림자가 반복되면서 힘차고 역동적인 공간을 연출한다.

5-29. 엔터런스 로비의 벽면 그리드 디자인과 벤치

5-30. 바닥디자인

5-31. 주거동 출입구와 엘리베이터

5-32. 내부 정원이 보이는 엔터런스 로비

다양한 입면디자인과 선과 면적구성은 색채구성과 함께 조화를 이루며 마치 미술 작품과 같은 실내공간을 연출한다.

벽면에 매립된 의자에 앉으면 맞은편의 내부 그리드 정원이 보인다.

5-33. 로비 천장 디자인

5-34. 타워 계단실 출입구

건축가의 조형성과 예술감각이 돋보이는 모습들이다.

5-35. 주거동 내부 정원과 접하는 슬라브 빌딩

5-36. 내부 정원에서 바라본 모습

건물 안쪽으로는 사적공간이며 조용한 정원이 구성되어 있다. 무더운 여름날 사적공간인 정원은 주민에게 녹색의 휴식처를 제공한다.

5-37. 주차장 연결 통로

5-38. 레드 빌딩 출입구에서 바라본 소광장

레드 빌딩과 슬라브 빌딩 사이로 주차장과 연결된 통로가 있어 편리하다.
레드 빌딩에서 나오면 가로 공간에 구성된 활기찬 소광장으로 연결된다.

5. 렘 쿨하스(Rem Koolhaas)설계동

■ 건축사 : 렘 쿨하스

1944년 네덜란드 로테르담 태생. 소년기를 인도네시아에서 보냄. 저널리스트 또는 각본작가를 지내기도 했다.
1968년부터 1972년까지 영국AA스쿨에서 건축을 배웠다. 1972년 미국 코넬대학에 재적한 뒤, 피터아이젠만이 리드한 리서치센터 IAUS에 가담.
AA스쿨과 델프트대학에서 교편생활. 1975년에리어+조젠게리스, 마데론 프리센돌프와 함께 OMA를 설립. 그 후 시대의 문화와 건축이 이론과 실천 양쪽에서 밀접하게 결부될 것을 주장함.

렘 쿨하스(Rem Koolhaas) 9,10동

렘 쿨하스는 대상부지가 뒷편에 있는 두 타워와 접해있는 관계로 여러 안을 검토한 끝에 타워의 초석을 암시하는 넓은 면적의 저층건물을 제안하였다.

각 주호의 중앙에 형성된 중정은 주거의 공간적 핵으로서 작용하게 하였는데, 이러한 독특한 개념이 많은 주목을 끌었다.

이 작품으로 그는 외국인으로서는 최초로 일본건축학회상을 수상하였다.

쌍가패처럼 생긴 두 개의 동으로 이부어져 있으며 여러 각도에서 외관미를 고려한 파도처럼 굽이치는 지붕, 그리고 돌담 모양의 블랙콘크리트가 외벽을 둘러싸는 등 개성적인 모습을 하고 있다. 내부는 모두 3층의 메조넷 타입으로 되어 있으며, 단독주택 감각의 주호 구조이다. 3층 오픈스페이스인 중정을 중심으로 하는 타입과 노송나무가 둘러 서 있는 테라스를 중심으로 하는 타입이 있다.

최상층은 3-5M의 천장이 높은 대공간, 일부 타입에는 리빙룸과 이어지는 넓은 테라스가 있으며 테라스에는 스카이테라스가 뻗어나와 있다. 사다리를 오르면 머리 위에 펼쳐치는 하늘을 보는 전망대도 있다.

참신한 디자인성, 150㎡ 이상의 타입이 반을 차지하는 와이드 공간 등, 메조네트 주택의 새로운 가치를 느낄 수 있는 건물이다.

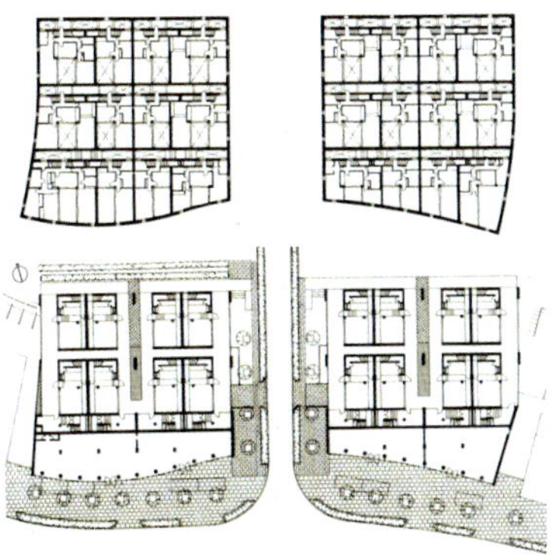

5-39. 렘쿨하스 동의 평면도와 배치도

설계개념:
도시의 번잡함을 완전히 차단.
주호의 내부는 하늘을 향해 열린 밝고 조용한 공간이다.
개방된 공간으로 중정과 테라스에서는 빛과 바람을 느낄 수 있고, 자연과 공존하는 평안한 나날을 즐길 수 있다.
1층에 중정, 2층에 개실, 3층에 커뮤니티스페이스의 기본구성 =가족간 프라이버시 확보하면서 넓은 모임의 장과 개방적인 가족관계 형성.

5-40. 가로변에서 바로 본 렘 쿨하스 9, 10 동

5-41. 파도처럼 굽이쳐 보이는 아름다운 3열의 지붕층 모습, 9호 동

5-42. 건물 뒤편의 정원

무더운 여름 오후, 검은 돌담 모양의 중량감이 있는 건물은 주변의 정원과 묘한 대조를 이룬다.

5-43. 도로에서 본 9호 동

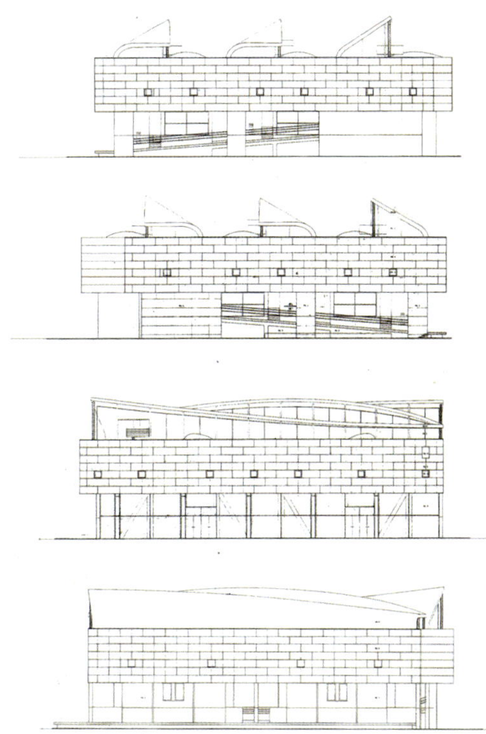

5-44. 렘 쿨하스 동의 입면도

외벽의 검은 돌담이 1층 상점가의 유리면 윗면을 에워싼다. 마치 무거운 중량감의 석조기단이 공중에 부유하고 있는 듯 기묘한 심리적 착각을 불러 일으킨다.

외벽은 3개의 재료로 구성되었다.

1층 상점가는 투명 유리면, 2층은 돌담 모양의 블랙 콘크리트, 지붕부분은 광택이 있는 아연합금면.

5-45. 가로변의 상업공간

5-46. 맞은 편 도로에서 본 상업공간

1층부에는 상업공간이 구성되었다.

5-47. 주거 진입 경사로

아래층에는 주차공간이 확보되어 있다.

5-48. 옆면에서 본 모습

무거운 중량감의 조형언어가 상하로 역전되어 보는 사람으로 하여금 불안감 내지는 부조화를 느끼게 한다.

5-49. 가운데 주거동 출입구

5-50. 주거동 보행 동선

건물주변으로 녹색의 완충지대와 함께 걸어다닐 수 있는 경사진 보행동선이 구성되었다.

5-51. 측면에서 본 모습

5-52. 바깥쪽 주거진입 통로 공간

5-53. 중앙 콘코스 진입부

매우 정숙하고 고요함이 흐르는 통로공간구성이다. 빛과 바람과 고요함과 발자국음이 흐르는 공간이다.

5-54. 스테인리스 그물로 된 난간

5-55. 익스팬드 메탈 도어

공중에서 쏟아지는 빛은 각 세대로 골고루 비춰진다.
세대로 들어 가는 입구쪽에는 네트로 구성된 현관문이 있다.

익스팬드 메탈이라 불리는 스틸을 그물눈 모양으로 구성한 이 도어에는 모니터 카메라가 설치되어 있고 주거 내부에서 방문자를 체크할 수 있다.
튼튼하며 투과성이 있는 도어 안쪽에는 오픈스페이스의 파티오가 일본적이면서도 모던한 아름다움을 빛내고 있다.

5-56. 바깥쪽 주거진입 통로 공간

5-57. 중앙 콘코스

5-58. 콘코스에서 바라본 주거 엔트런스

동선체계는 매우 시원스럽게 짜여져 있다. 중앙통로에서 세대로 들어 가는 입구부분은 6미터 폭의 넓은 경사로로 구성되어 있고, 그 가운데를 시냇물로 구성하고 있다.

시각적 건축뿐만 아니라, 청량감을 느끼게 끔 감각적 건축 디자인을 구사하고 있다.

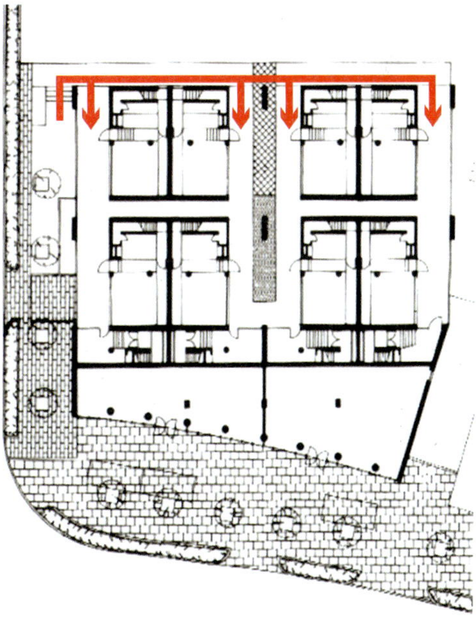
5-59. 9호동 배치도 (진입동선 안내도)

빛은 어디서나 환하게 들어오고 보행자의 안전을 위한 난간 디자인과 낙하물 방지용 안전망은 현관도어와도 연동되는 이미지로 스테인리스 그물로 쳐져 있다.

5-60. 낙하물 방지용 안전망

바닥 한가운데를 시냇물이 조용히 흐른다. 얕은 시냇물의 수심은 2~3m이며 시냇물 바닥에 깔린 희고 굵은 자갈이 아른거리는 물 속에 비춰 진다.

수면 위는 금속제 네트로 덮혀 있다.

5-61. 시내물 위에 덮힌 금속네트

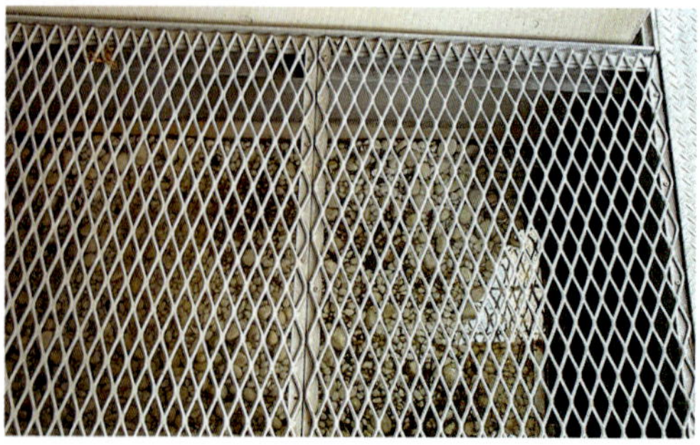

5-62. 금속네트 아래 흐르는 시냇물과 하얀자갈

주거동의 중앙을 관철하는 콘코스는 폭이 약 6m의 완만한 슬로프이며 콘코스 그 자체가 아트 작품과 같은 감성이 넘치는 공간연출을 하고 있다.

5-63. 유리 스크린이 있는 주거 엔트런스

세대로 들어가는 넓은 출입구 부분도 매우 밝게 설계되었다.

모던한 현관이 바라보이는 단독 주택 감각의 입구이다.

물이 흐르는 콘코스로부터 개별 주호로 통하는 입구에는 오리지널 디자인의 익스팬드 메탈 도어의 개성적인 모습이 있다. 방문자는 그야말로 가까운 미래의 게이트를 통과하는 느낌이 든다.

도어의 그물눈 너머에 콘크리트 재물치장 벽면의 현관 홀이 보인다.

5-64. 9호동의 최상층의 모습

5-65. 10호동의 최상층

외부에 둘러싸인 돌담은 도시의 공간을 차단하여 조용한 공간을 확보해 주며, 그곳에 자연의 바람과 빛이 들어오고 하늘을 향한 오픈스페이스가 놓여진다.

최상층의 리빙룸은 높은 지붕과 컬러유리면에 의해 호화로운 대공간을 구성한다.

그 지붕면은 살며시 녹색산과 같은 곡선으로 내려간다. 또한 그 앞에 있는 잡초와 자연의 잔디로 덮힌 작은 산은 계절마다 변화를 보이며 각 세대안에서 개인적인 자연공간으로 즐길 수 있다.

건물외벽 전면에 창문을 일체 두지 않고, 검은 벽이 남측을 둘러싸게 하여. 빛은 3개층을 뚫고 최상층의 열려진 공간을 통해 수직으로 받아들이도록 했다.

6. 스티븐 홀(Steven Holl)설계동

■ **건축가 : 스티븐 홀**

1947년 미국 워싱턴주 태생. 워싱턴대학, 런던AA스쿨에서 건축을 수학한 뒤에 로마의 아스트라 자리나 사무소, 샌프란시스코의 로렌스 헬프린 사무소에서 실무.
1978년 자신의 사무소 설립.
1981년부터 콜럼비아대학교수.

스티븐 홀(Steven Holl) 11동

28개의 주호를 남측에 접해있는 네개의 오픈 코트를 둘러싸듯 배치하고 통로와의 조합을 통해 풍부한 내부공간을 실현시켰다. 내부에는 일본의 미닫이문에서 힌트를 얻은 가변벽을 제안, 실내공간의 가변성을 실현시켰다.

채광면을 중요시하여 5개의 남향 유니트가 이어진 사람 손과도 같은 외관, 발코니가 있는면에는 알루미 파도형판의 벽, 도로쪽 면은 콘크리트에 블루그레이의 크리어 도장이 실시되고 황금분할의 규칙성을 살린 개구부가 디자인되어 있다.

또한 남쪽에는 오픈코트로서 수심 약 10cm의 연못이 있고 북쪽에는 지붕달린 오픈스페이스로서 카바드코트가 있으며 건물 자체가 도시를 구성한다.

내부에서는 축회전하는 컬러링된 목재의 패널에 의해 공간의 구획을 바꿀 수 있는 힌지드스페이스가 실내 여러 곳에 채택된 타입이 많다.

입구가 위층에 있는 메조네트타입도 있는 등 복잡하고 다양한 계층구조이며 천장이 높은 실내 공간도 많다.

전체적으로 전용면적은 28호중 100㎡미만이 16호로 넥서스 월드 안에서는 컴팩트한 유니트가 중심인 구성이다.

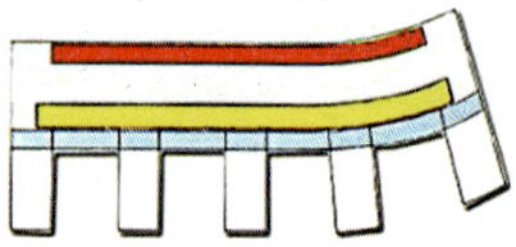

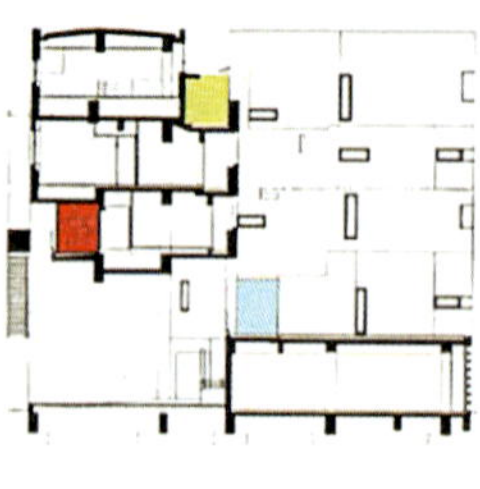

스티븐 홀은 형태보다는 공간을 통한 체험을 중시했다.
대지의 남쪽으로 건물 외관의 곡선경계를 따라 건물들을 배열했다. 1층의 상점들은 가로변을 따라 연속적인 입면을 만들고 있다.
주거세대로의 진입은 북쪽에서 한다. 2층의 중앙복도와 최상층의 열린 복도가 주거전용 경로이며 건물 북쪽면의 돌출되어 있는 외부 계단을 통해 출입할 수 있다. 공간을 거니는 체험 자체를 우선적으로 생각하여 순환 동선을 디자인 한 것이다.

5-72. 남측면에서 바라본 모습

측면에서 본 모습으로 흑백을 면적비로 균형, 대비시키며 입면에 변화감을 주는 창문 디자인으로 구성하고 있다.

5-73. 코너벽 디자인

5-74. 1층에서 올려다본 주거동 모습

1층 상가 부분의 모서리 부분까지 세밀하게 디자인하고 있는 꼼꼼함을 엿 볼 수 있다. 모든 입면에서 동일한 디자인을 발견할 수 없다.

5-75. 설비 부분

5-76. 북측면 계단

보기 흉한 설비부분은 건축 속으로 삽입되어 금속네트로 격리시키고 있다.

북측면에서는 벼랑을 오르는 듯한 금속제 계단이 설치 되었다.

5-77. 2층 복도 (왼쪽에 연못 공간)

통로는 빛과 그림자의 반복과 함께 리듬감을 연출하며, 갑자기 확 트여진 공간의 연못은 청량감과 함께 신비로움마저 들게한다.

남측면으로 트인 연못은 일상의 생활을 특별하게 만들어 준다.

이 연못은 사실 1층 지붕에 해당되는 부분이며 얕게 물을 채운 Open Court이다. 각 주호들은 Open Court역할을 하는 연못을 둘러 싸고 있다. 이 Open Court는 일상의 생활을 특별하게 만들어 준다.

5-78. 주호 앞의 Open Court

5-79. Open Court 연못공간

세대 사이에 배치된 연못공간은 무더운 여름 더할 나위 없는 청량감과 특별한 감동의 여름 공간을 연출한다.

연못 공간에서는 여러 각도에서 물에 비치는 하늘을 바라 볼 수 있다.

태양광선은 수면의 잔물결에 반사되어 실내의 천장에 흔들리는 그림자를 그린다.

1층의 지붕에 있는 연못공간은 반대편 북측의 1층에 있는 텃밭공간과 한 쌍을 이룬다. 스티븐 홀의 설계 컨셉인 보이드 스페이스의 활용이 여기서도 보인다.

대립적인 2개의 구성, 2층/1층, 남/북, 오픈/커바드, 물/녹지, 빛/그림자 등과 같은 상대적 관계를 보여 주는것 같지만 결코 대립하는 관계가 아닌 것이다.

5-80. 5층 복도

빛과 그림자의 연출은 복도공간의 동선을 단조롭지 않게 하고 변화감을 준다.

5-81. 3층 복도

각층 복도 부분은 서로가 다른 느낌을 자아낸다.

5-82. 북쪽의 1층 텃밭 공간(Covered Court)

5-83. 북측면 1층

북측면의 텃밭공간(녹지공간)과 자전거 주차장은 아이들의 놀이터가 되며 동심을 즐겁게 뛰놀게 만든다.

5-84. 계단 핸드레일 및 난간 디자인

5-85. 핸드레일 디자인

건축가의 디자인 감각은 구석구석에서 세심하게 배려되고 있다.

5-86. 연못을 전면에 둔 동쪽 주거동 파사드

5-87. 북측면의 계단

입면에서는 똑같은 디자인이 없고 전층에서 변화를 갖는 디자인을 구사한다. 금속제의 외부계단은 상부의 철골빔에 매달려 구조적 안정을 꾀하고 있다.

5-88. 로비홀의 계단

5-89. 엘리베이터 실

실내부의 모습에서 섬세함과 기하학적 구성미를 읽을 수 있다.

5-90. 주거동 엔터런스 홀

제6강 큐슈지역의 건축

1. 일 팔라조 호텔(HOTEL IL PALLAZZO)

6-01. 큐슈지도

6-02. 위치도

HOTEL IL PALLAZZO
위치 : Fukuoka-ken, Fukuoka-shi, Chūō-ku, Haruyoshi, 3丁目13-1

■ 건축가 : 알도로시

이탈리아 밀라노 태생. (1931년 5월 3일 – 1997년 9월 4일)
문학수업 수학. 30세까지 문필가로도 활동.
밀라노공과대학 건축학과를 졸업 (1959년) 하고 모교에서 교수생활을(1965년) 하였고 스위스 취리히연방 종합과학대학 디자인교수(1972년), 베니스의 대학 교수(1973년), 뉴욕 이타카의 코넬대학교 건축대학 객원교수(1976년), 예일대학 객원교수(1980년)와 하버드 대학 대학원 객원교수(1983년)로 근무한 경력이 있다.
1990년 건축부문에서 프리츠커 상을 수상하였고 1991년 일본 후쿠오카의 일 팔라조 호텔 설계로 미국 건축가 협회의 명예상을 수상

6-03. 일 팔라조 호텔 정면 모습

<팔라조, Palazzo>란 이탈리아어로 귀족들이 살던 성을 가리키는 말로, 이탈리아 건축가인 알도 로시는 호텔 건물을 로마시대의 성과 같은 원형 기둥으로 장식하여 건물에 고대 이탈리아의 이미지를 담는 설계를 하였다

6-04. 호텔 접근 도로 앞 임시 주차공간

6-05. 호텔 앞 좁은 도로

일방통행로로 접근이 가능한 좁은 도로체계를 갖는 입지조건을 갖고 있다.

따라서 호텔에 잠시 정차하기 위해서는 정차공간이 필요하며, 그 조건을 입구측에서 확보하고 있다.

6-06. 호텔 간판

6-07. 호텔 입구 계단

주변의 여건은 정돈되지 않은 도시변두리와 같은 모습이다. 전신주와 전선이 혼란스러운 도시분위기를 자아내며, 입구 정면측으로 강이 흐르고 있다.

입구측 전면으로는 계단을 이용하여 오르도록 되어 있으며, 계단을 오른 뒤 호텔 입구까지 광장을 만나게 된다. 이것은 복잡한 도심 속에서 호텔 입구로 진입할 때에 심리적 여유로움과 안정감을 제공한다.

혼잡하고 좁은 골목길을 지나면 일 팔라조 호텔의 정면부의 이색적인 색조를 띤 석조벽면을 만날 수 있다.

동서양의 접경지였던 이란의 붉은색 석재는 고대 최초로 건축에 사용되었던 석조를 의미한다.

6-08. 입구측 파사드(정면부)의 모습

강한 존재감을 표현하고 있으며, 알도 로시의 기억으로서의 건축에 대한 의지를 엿 볼수 있다. 일반적으로는 수변지역의 경우, 조망권이 좋은 강변을 향해서 창호부를 설치하지만 알도 로시는 오히려 닫아 버리고 측면의 벽면에 개구부(호텔 객실 창문)를 설치하였다.

6-09. 별동 건물로 진입통로

6-10. 2층 광장

건물내 골목을 형성, 가로공간과의 연속성을 표현하며 (지면레벨), 2층 역시 건물 측면부의 길을 통해 건물내 가로공간이 연속되고 있다 (광장레벨). 이 공간은 주변 도시공간과 차단시켜 정적인 내부공간을 형성한다.

6-11. 호텔 1층 출입문

이란산 붉은 대리석 travertine와 철의 대비를 연출하며, 고전건축과 근대건축을 통해 오랫동안 사용되었던 돌,기와,철 3종류의 구조를 물리적으로 자연스럽게 어울리도록 마감재료로 사용하고 있다.

6-12. 호텔 로비 출입문

유럽풍의 고전적 건축언어와 함께, 현대적인 철의 사용과 색채의 대비효과를 사용하고 있다.

6-13. 계단 위 오픈 광장

일본의 조잡하고 복잡한 도시공간의 이미지를 제거하듯 건물 정면에 광장을 구성하여 출입구 부분을 시각적으로 정화시키고 있으며, 마치 신성한 신전건축으로 진입되하는 듯한 기단건축을 구사하고 있다.

6-14. 호텔 안내 데스크

6-15. 호텔 로비의 실내 디자인

6-16. 호텔 로비

외부 공간과 내부 공간의 디자인은 연속성을 띠며 내부 공간에서도 석조와 목조, 철 등의 고전적 이미지를 띠며 기하학적 형상의 디자인으로 구성 되고 있다.

왼쪽사진은 로비홀에서 안쪽 레스토랑으로 진입하는 복도 모습이고, 오른쪽 사진은 레스토랑 부분에서 입구 쪽을 향해 바라본 복도 모습이다. 여기서도 건축적 본질을 추구하며 고전적 전통건축 언어를 현대화 시키고 있는 설계자의 의도가 엿 보인다. 실내 디자인은 알도 로시뿐만 아니라 몇 명의 유명 인테리어디자이너가 공동으로 참여하여 작업하였다.

6-17. 2층 레스토랑의 실내 디자인

2층 레스토랑 내부의 모습에서 강한 고전적 기하학형태를 채택하고 있다.

단단한 석조의 질감과 따뜻한 목조의 색감이 대조를 이루며 안정적이고 차분한 내부공간을 만들어낸다.

6-18. 레스토랑 출입구

6-19. 호텔 Bar

레스토랑 공간의 전체적인 모습을 느낄 수 있다. 강한 석조선반과 부드러운 목조의 대비와 함께 측창에서 들어오는 자연광과 내부의 인공조명의 빛의 어울림으로 내부 공간은 최고의 품격을 표현한다.

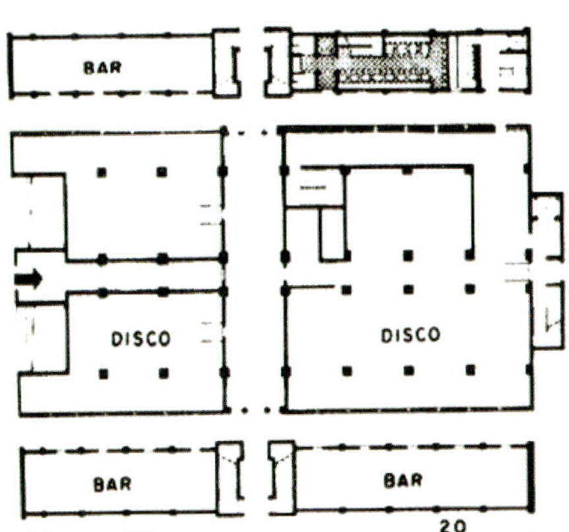

6-20. 1층 평면도(*도면출처 : Greatbuilding.com)

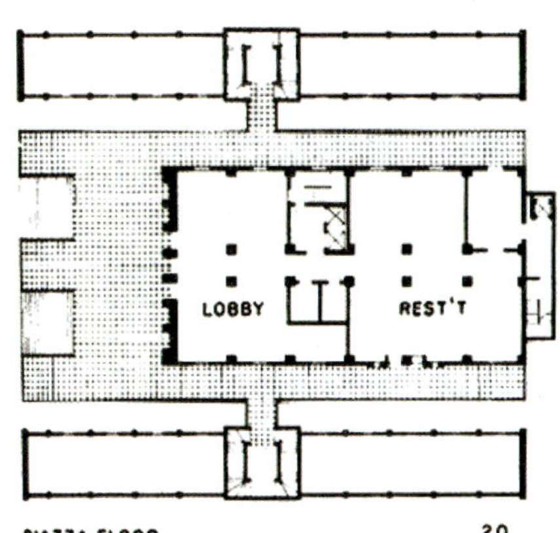

6-21. 2층평면도(*도면출처 : Greatbuilding.com)

6-22. 호텔 Bar의 수납 공간 디자인

내부벽면의 기하학적 디자인은 디자인만으로 끝나지 않고 수납공간으로 기능하고 있어서 많은 잡스러운 물품을 수납하고 있으며, 외부에는 절제된 모습으로 단순한 면의 건축으로 표현된다. 요철부로 빛과 그림자의 연출로 입체감을 더한다.

6-23. 호텔 바닥 디자인

바닥디자인도 실내 전체 분위기에 어울리도록 통합시키는 설계법은 가장 기본적인 방법이다. 또한 재료 및 색채의 조화 및 균형을 기획함과 동시에 테이블 하단부 보이지 않는 곳까지도 주름문양을 집어넣어 단순함 속에서도 그림자로 인한 선적인 변화를 부여하는 고급 인테리어 디자인을 구사하고 있다.

6-24. 호텔 측면의 별동 건물의 진입부

외부 가로공간에서 내부로의 진입은 직접 진입하지 않고 진입 전에 매개공간을 통하도록 공간구성을 하고 있다. 이것은 호기심 유발과 함께 부드러운 진입공간을 연출하고 있는 것이다.

외부에서 보면 마치 건물 속에 또 건물이 있는 것 같이 보인다.

출입구 상부의 창문은 외부벽에 설치되어 하나의 건물로 인식되도록 착각하게 만든다.

건물의 깊이감을 더해준다.

2. 기타큐슈 중앙도서관

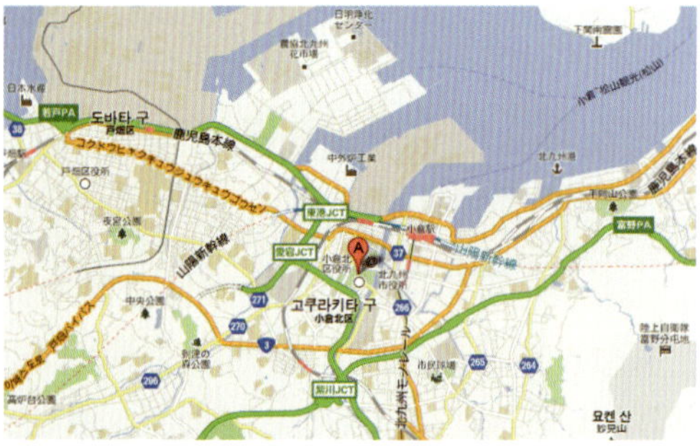

후쿠오카 현 키타 큐슈시 코쿠라키타구 성내 4 -1

■ **건축가 : 이소자키 아라타**

약력:1931년 큐슈 오이타시 태생.
1954년 동경대 건축학과 졸업. 단게 겐조 사무실에서 실무.
1961년 동경대학에서 박사학위 취득.
1963년 동경에 이소자키 아라타 아뜨리에를 설립.
Arata Isozaki & Associates로 동경 뉴욕 파리 베를린 바르셀로나에 사무실을 두고 세계 곳곳에 수많은 작품들을 진행함.
동경대 하버드대를 비롯한 세계 유수의 대학에서 강의도 병행함.
이소자키라 하면 건축사책에서 항상 Metabolism을 읽을 수 있을 것이다.
비엔나의 세제션 그룹과 영국의 아키그램의 일원으로 활동했다.
이후 메타볼리즘을 비판한다.

6-25. 건축 모형

1974년 준공된 것으로 도서관, 역사박물관, 시청각센터로 구성된 복합시설이다.
완만한 경사지 위에 2동의 연속 볼트형태로 배치 되었다.
건물형태를 우선 결정하고, 그 속에 기능을 집어넣는 설계방법을 취하고 있는데, 이것은 일반적인 설계방법과는 반대되는 것이다.

6-26. 도서관 전체 모습(남쪽)

기타큐슈시립중앙도서관으로 진행하는 방향에서 보면 녹색의 지붕형태가 먼저 보인다.

경사지를 효율적으로 이용하고 있으며 녹색의 볼트형태의 지붕과 콘크리트의 외관에서 시간이 오래 경과되었음을 알 수 있다.

6-27. 서측면

볼트형태의 지붕면에 맞닿는 부분의 창호에 변화를 주고 있다.

6-28. 도서관 북쪽

주차를 하고 난 뒤, 계단을 따라 올라가면 도서관 뒤편으로 유도된다.

누하진입과 같이 1층부 필로티 부분을 진입하여 다시 계단을 오르면 시내를 바라볼 수 있는 도서관 앞 광장으로 진입할 수 있다.

도서관 앞 광장에서 도서관 입구까지 바로 진입할 수 있다. 남향쪽으로 채광성을 고려한 창문이 설치되어 있다.

6-29. 도서관 앞 광장

입구에서 도서관 앞 광장과 주차장으로 통하는 필로티 부분으로 연결되어 있다.

남측으로 채광을 충분히 받도록 창문으로 디자인 되었고 실내부에서는 경사로로 구성되어 있다.

도서관 입구측을 바라보며 낮은 경사지레벨은 녹색지대로 외부공간계획을 하고 평지레벨은 콘크리트 바닥처리계획을 하고 있다.

6-30. 도서관 입구 홀 공간

도서관 내부로 들어오면 첫번째로 만나는 홀부분 공간이다.

상층부는 볼트형태의 내부를 체험할 수 있으며 밝은 조명등이 비춰진다.

천장고는 오픈된 형태로 매우 높게 느껴진다.

6-31. 홀의 상층부의 학습실

6-32. 입구 홀의 신문 열람대

상하층이 뚫려있는 구조로 되어있어 시각적으로 개방적인 느낌이 들게 한다.

그러나 홀 부분의 소음이 상층부의 학습실로 전달될 우려가 있다.

6-33. 실내 경사로

열람실 층별로의 이동은 경사로를 따라 올라가면 경사로 중간에서 진입할 수 있다. 경사로가 일자로 뚫려 있어 시각적 경쾌함을 내부 이동공간에서 체험할 수 있다. 층별 이동은 계단이 아니라 동선이 매우 길게 느껴지는 경사로를 따라 움직이게 되어 있다. 약간 불편한 감이 있으나 매우 채광성은 좋아 밝은 실내공간을 이룬다.

6-34. 도서관 서가의 볼트 형태의 천장

볼트형태의 천장부 양쪽의 측창에서 실내부로 자연채광의 빛을 끌어들이고 있다. 채광설계는 도서관에서 매우 중요한 설계요소이다.

층간이동과 열람실간 이동을 할 수 있는 실내부 경사로와 열람실벽체 사이는 개방되어 있어 환기환경을 좋게 한다.

볼트형태의 상부 측창의 구조는 좋은 빛환경을 확보할 수 있다.

3. 기타큐슈 국제회의장

후쿠오카현 기타큐슈시 고쿠라키타구 아사노３丁目 ９－３０

6-35. 기타큐슈 국제 회의장의 전체 모습

■ **건축가 : 이소자키 아라타**

설계개념:
이벤트와 집회, 전시와 리셉션등 컨벤션에 관련한 여러 요구에도 대응할 수 있도록 최신 설비를 갖춘 복합 시설로서의 회의장을 목표로 설계되었다.

대지는 서측에서 정면에 대응하는 종합전시장과, 동측의 페리선착장 사이에 끼어 있다.
전시장의 축선과 그것과 대응해서 약 13도 정도 애매한 각도로 구성된 해안선, 축선 모두를 고려해야만 했다. 따라서 건물전체의 구성은 그러한 2개의 축에 맞추어 같은 각도로 병치되게 배치 설계되었다.

중정을 중심으로 파도모양의 지붕을 이루는 날개 동은 회의장과 이벤트 홀 등 대공간이 내포되도록 하였고, 다른 한편 동에는 중소회의실과 특별실, 국제회의실, 그 밖의 사무실등이 배치되었다. 8층건물의 타워 동에는 임대사무실로서, 국제교류에 관련된 단체가 들어가 있다.

기능상 프로그램은 600인을 수용할 수 있는 회의장으로서의 메인 홀과, 1000명 규모의 리셉션도 가능한 이벤트홀 , 100명정도가 고도의 회의가 가능한 국제 회의실, 다용도로 사용할 수 있는 중소 회의실 이외에 레스토랑과 라운지, 특별실, 각종 업무실등으로 구성되었다.
이러한 실들은 중정을 사이에 두고 배치되었다.

6-36. 맞은 편 도로에서 본 모습

국제회의장은 페리 선착장 근처에 바다를 조망할 수 있는 좋은 위치에 있다.

6-37. 페리 선착장과 국제회의장의 전경

페리 선착장 뒤편으로 국제회의장이 보인다. 일반적인 일본의 건축물과는 다른 이색적인 외장 색채사용법이 구사되고 있다.

6-38. 가로변에서 본 모습

여러 시점에서 보여지는 국제회의장의 모습으로 타워동 상층부는 넘어질듯이 앞으로 기울어져 있어 가로공간의 보행자에게 불안감을 불러일으키는 긴장감을 조성한다. 가운데 중정부분은 모든 건물들을 통합하는 광장으로서의 기능도 갖는다.

건너편 가로공간에서는 독특한 국제회의장의 전체 매스디자인을 감상할 수 있다. 정지된 건물이 아니라 역동적인 이미지를 연출한다.

각 매스는 유리위에 무거운 느낌의 콘크리트로 구성되어 대조를 이룬다.

6-39. 다양한 형태가 조합된 입면

여러 각도에서 보아도 같은 모습의 입면을 가진 국제회의장을 찾아 볼 수 없다. 시점의 변화에 따라 건물의 파사드가 다른 모습을 띠도록 의도하고 있다.

전면부에서는 고정적인 상층부의 상자모양은 측면으로 돌아서면 무너져 내릴 듯한 불안감과 함께, 파도형상의 지붕선이 대조를 이룬다.

각 매스간에 공중브릿지로 연결되어 있고 중정을 중심으로 배치되어 있다.
같은 입면을 볼 수 없는 매우 변화있고 다채로운 입면디자인을 구사하고 있다.

국제회의장 옆으로는 대형 지상주차장이 있다. 주차장에서의 모습은 파도형의 지붕형태와 대조를 이루는 타워동이 매우 인상적이다.

건물의 입구부분은 매우 높은 층고를 이루며 개방감 있는 분위기를 표현한다.
대중 집회시설인 만큼 비상시에 많은 인원이 신속히 대피할 수 있도록 지상층과 연결되는 계단코어가 설치되었다

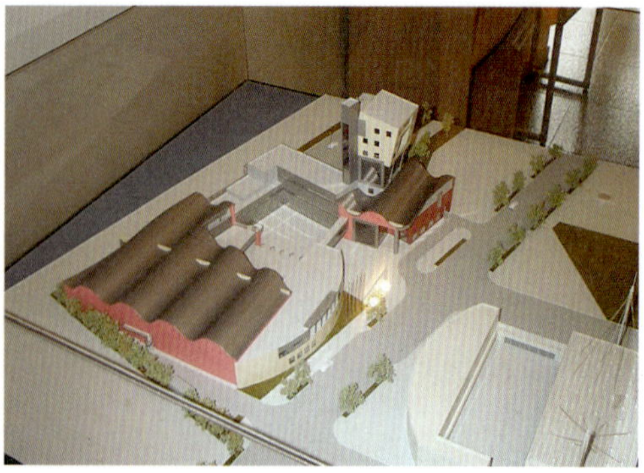

6-40. 실내에 비치된 건축 모형

6-41. 파도형으로 디자인된 지붕

건물 전체를 조감할 수 있는 모형에서 해안가의 건물축과 13도정도 비틀어진 파도형 지붕의 건물 축(Axis)을 확인할 수 있다. 중정에서 보여지는 건물매스와 색채사용법은 매우 인상적이어서 이곳을 방문한 사람들에게 오래 기억될 것이다.

건물간을 연결한 공중브릿지의 외장모습과 내부의 모습이다. 공중브릿지의 내부는 긴 복도를 지나는 동안 심리적으로 답답하지 않고 외부 중정을 감상할 수 있도록 창호 설계를 사람 눈높이에 맞추어 디자인 하고 있다

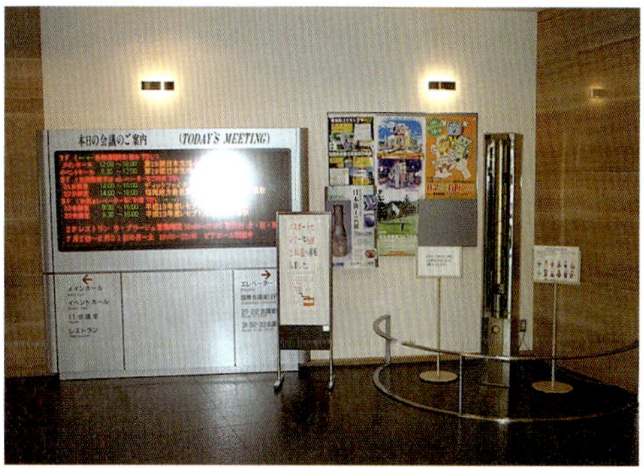

입구에 들어서면 좌우로 개방감을 갖도록 설계되었고 전면의 전광판에서 각실들의 회의개최내용과 일정을 확인할 수 있다. 회의장 전체가 무장애건축 (Barrier Free) 디자인이 고려된 점이 평가된다.

6-42. 유도블럭

회의장에 참석한 장애인이 건물 전체를 이용함에 있어 불편함이 없도록 장애인을 배려하여 계획되었다.

창호디자인에서 벽체하부를 오픈하여 외부의 천공광이 반사되는 빛을 실 내부로 인입되기 좋도록 설계하고 있다.

6-43. 대회의장으로 가는 복도

6-44. 회의장 앞 리셉션 홀

입구에서 대회의장으로 들어가는 통로는 장애인도 사용할 수 있도록 슬로프로 구성하고 있다. 끝부분에서 오른쪽으로 갑자기 넓고 환한 개방적 분위기와 함께 환상적인 불빛으로 구성된 넓은 리셉션 홀이 나타난다.

매우 개방적이고 높은 층고를 지닌 리셉션 홀에서는 각종 회의에 대응할 수 있고 전시공간으로도 활용될 수 있다.

천장부의 디자인에서도 변화있는 패턴으로 디자인되어 보는 이로 하여금 즐거움을 준다.

Barrier Free개념에 충실한 디자인을 확인할 수 있다. 화장실에서도 휠체어에 앉아 거울을 볼 수 있고, 휠체어가 회전할 수 있는 충분한 넓이를 확보하고 있다.

6-45. 2층 레스토랑

2층의 레스토랑의 모습이다. 1층에서의 분위기와는 달리 경쾌하고 가벼운 느낌의 남국의 바닷가 분위기를 연출하고 있다.

중정을 중심으로 건물배치와 함께 창문 개구부를 내고 있으며 비상시를 대비한 출구계획도 마련되었다.

친 환경적인 조경 공간 등이 보이지 않는 점은 아쉬운 부분이다.

내부에 있는 중소 회의실의 전면 홀의 모습이다. 이곳에서는 바닷가의 전경을 조망할 수 있도록 개구부 디자인을 하고 있다.

6-46. 측면 주차장에서 본 모습

국제 회의장으로서 충분한 옥외주차장을 확보하고 있다.

또한 주차장에서 내린 회의참석자들은 인상적인 색채사용과 매스형태로 인해서 국제 회의장을 오래 기억할 것이다.

제7강 관서지역의 건축-안도 다다오

관서지역의 건축 – 안도 다다오

■ **건축가 : 안도 다다오**

1941년 오사카 출생, 독학으로 건축을 배움
1962~69년 안도 다다오 건축 연구소 설립, 미국, 유럽,아프리카 여행
1987년 예일대학 객원교수로 취임. 1988년 콜롬비아대학 객원교수로 취임.
1989년 하버드대학 객원교수로 취임. 1997년 도쿄대학 공학부 교수로 취임.
2003년 도쿄대학을 정년후 명예 교수.
2005년 도쿄대학으로부터 특별 명예교수의 종신 칭호가 수여.

안도 다다오의 건축과 형성과정

시대적 배경: 도시의 무분별한 건축물에 충경, 주거환경에 대한 울분과 의문에서 시작
유년기 – 물건이 가지는 가능성에 대한 탐구심
르꼬르뷔제의 영향 – 르꼬르뷔제의 공간구성 수법, 구조, 콘크리트에 대한 생각 등은 안도에게 직, 간접적으로 영향
아돌프 로스의 영향 – 단순한 기하학 속에서 건축물을 지었던 로스의 저작 '장식과 죄악' 은 그에게 있어서 건축의 본질적인 것에 대한 탐구를 하게 하였다.

여행을 통한 건축수업 / 건축 구성원리로서의 기하학 적용/ 풍토와 자연에 융합되는 건축/전통과 현대의 조화/ 일본 전통건축의 영향

수상경력사항 :

1979년– 일본 건축 학회상(스미요시의 연립 주택)
1983년– 일본 문화 디자인상(롯코의 집합주택 외)
1985년– 제5회 아르바 · 아아르트상
1986년– 예술 선장 문부대신상 신인상(나카야마저 외)
1985년– 매일 디자인상
1987년– 매일 예술상(「롯코의 교회」)
1988년– 제13회요시다 이소야상(키도사키저)
1989년– 프랑스 건축 아카데미 대상
1990년– 오사카예술상
1991년– 미국 건축가 협회(aia) 명예 회원 , 아놀드 · 브룬너 기념상(미국)
1992년– 제 1회카르스베르크 건축상(덴마크)
1993년– 영국 왕립 영국 건축가 협회(riba) 명예 회원, 일본 예술원상
1994년– 제26회 일본 예술 대상(「오사카 후리츠근개 아스카 박물관」)
1995년– 1995년도프리트카상 ,1994년도 아침해상 , 제7회 국제 디자인 상품 , 프랑스 문학 예술 훈장(슈바리에)
1996년– 제8회타카마츠노미야 전하 기념 세계 문화상 , 제1회국제 교회 건축상
1997년– 독일 건축가 협회 명예 회원 , 왕립 영국 건축가 협회 로열 골드 메달(riba 골드 메달) ,제4회 오사카 키와니스상 , 프랑스 문학 예술 훈장(오피시에)
2002년– 미국 건축가 협회 골드 메달(aia 골드 메달) ,쿄토상 사상 · 예술 부문 수상
2005년– 국제 건축가 연합 골드 메달(uia 골드 메달)

관서지역이란?

관동지역은 현재 일본의 수도권에 해당하는 지역이며, 관서[칸사이]는 일반적으로 "쿄토부, 오사카부, 시가현, 효고현, 나라현, 와카야마현"의 6개 행정구역을 함께 묶어서 부르는 말이다.
지도에서 노란색으로 표기된 부분이 관서지역이다.

7-01. 관서지역 지도

1. 아와지시마 유메부타이

7-02. 100단의 화원과 바다 전경

건축개요

세계적인 건축가 안도 다다오가 설계한 아와지시마 유메부타이.
28ha에 이르는 대규모 부지에 효고현립국제회의장, 호텔, 식물원, 야외극장, 기적의 별 식물관, 호텔 등 안도의 건축물이 한데 모여 있는 곳이다.
이곳은 원래 간사이국제공항을 매립하기 위해 토사를 채취한 곳이었으나, 안도 다다오가 이 토지의 자연을 되살리는 것을 목적으로 부지 전체를 설계했다.
독특한 콘크리트 건축과 재생된 자연이 공존하여 잘 조화된 것이 특징이다.
시설 내에는 계단식으로 만든 화단인 '100단 화원'을 비롯해 개성적인 수공간과 정원이 있다.
이 화단들은 산책길이나 데크로 연결되어 섬 전체가 유람식 정원으로 되어 있다.

7-03. 해안가에 위치한 대단위 설계 프로젝트

100단으로 구성된 화원으로 통하는 길이다. 다양한 통로와 계단의 형태가 보인다.

7-04. 안내판

건물 구성 :
1.국제회의장
2. 호텔
3. 100단으로 구성된 화원
4. 전망테라스와 레스토랑 숍
5. 온실
6. 야외극장

7-05. 물이 흐르는 계단

전망테라스와 레스토랑숍을 향해서 바라본 전경이다.

인공적인 수변공간을 구성하고 있으며 수면바닥은 조개껍질을 붙혀서 마감처리를 하고 있다. 외부공간디자인에서도 광대한 대지를 인간의 척도에 맞게 좁고 아늑함을 느낄 수 있도록 가로수 공간으로 설계하고 있다.

7-06. 빛과 그림자를 이용한 자연 해시계

7-07. 레스토랑 가는 길의 원형 포럼

이곳에서도 건축공간은 확정되지 않고 모호한 공간으로 설계되었다.

원형과 각형의 기하학형은 건축공간 속에서 서로 복합되어있고 어둠과 밝음, 좁음과 넓음이라는 건축개념이 통로공간 속에서 반복된다.

7-08. 식물원의 모습

7-09. 원형 포럼과 연결된 회랑공간

7-10. 수공간의 분수

7-11. 동양적인 회랑공간에서 바라본 중정

동양의 전통건축에서 사용되었던 회랑공간을 현대화시키고 있는 듯 하다. 경사로와 계단을 동시에 구사하고 있는 회랑에서 중정의 수변공간을 바라보며 이동할 수 있다.

지루함을 덜 수 있는 쾌적한 동선체계이다. 황량한 대지위에 절제된 콘크리트 구조물의 경직된 느낌을 수공간의 분수는 부드럽고 변화감을 제공하여 완화시킨다.

멀리 보이는 바다의 수공간과 대비된다. 지형의 변화에 맞추어 건축공간도 상하로 이동한다.

7-12. 바다의 회랑(海の回廊)과 산의 회랑(山の回廊)

7-13. 변화감이 있는 벽체 디자인

회랑을 지나다 보면, 막혔다가 열리고, 어두웠다가 밝아진다. 벽체 디자인도 단순함 속에서도 끊임없이 변화를 추구하고 있다. 빛과 그림자를 이용하여 자연적인 색채의 변화감과 입체감을 연출하고 있다.

7-14. 100단의 국화 정원

4.5mx4.5m크기의 화단이 100단으로 구성되었다. 100이라는 숫자는 20세기에서 21세기로 움직이는 100년의 시간단위를 의미한다. 또한 100단의 화단을 돌면서 한신대지진(阪神淡路大震災)때 지진으로 죽은 자들의 영혼을 진혼(죽은 사람의 넋을 달래어 고이 잠들게 함)하는 뜻이기도 하다.

자연의 재생과 더불어 사람들의 마음의 상처를 치유하는 설계 프로젝트였다.

7-15. 화단 옆 계단을 타고 흐르는 물

이곳의 화단에는 국화과 식물들만이 식재되어 있다.

그 종류가 약100종이라고 한다. 국화과의 식물은 지구상 여러 곳에서 생장하는 식물로 종자식물 가운데 최대로 2만3천종이나 있다고 한다. 그래서 식물군 가운데 가장 진화한 식물군이라고 알려져 있다.

또한 일본을 대표하는 식물이기도 하며, 이 곳 효고현의 꽃도 국화이다.

바다에 접해 있는 유메부타이를 조망할 수 있다.

7-16. 정원을 관람한 후 내려 갈 수 있는 엘리베이터 탑

100단의 국화 화단과 수공간은 콘크리트라는 구조체로 명확히 대지 위에 구획되어지고 공간화 되며 단조롭지 않고 다종 다양한 공간으로 만들어지고 있다.

7-17. 안도 다다오가 설계한 웨스턴 호텔

호텔측을 바라본 풍경이다. 중력에 의해 떨어지는 작은 폭포소리는 한여름의 무더위를 식혀주는 건축요소이다.

7-18. 호텔로 연결된 복도 공간

호텔로 향하는 복도공간은 마치 유럽의 수도원과 같이 빛의 교차가 반복되고 있다.

7-19. 웨스틴 호텔 출입구

7-20. 웨스틴 호텔 로비의 의자

7-21. 호텔 내부 홀

호텔실 내부의 인테리어가구는 100단의 화단과 같은 개념의 꽃의자로 디자인되었다. 호텔의 전면부는 외부 가벽을 통과하여 입구로 진입된다.

7-22. 유메부타이에서 호텔로 들어 가는 입구

유메부타이(꿈의 무대) 국제회의장이라는 표식과 호텔로 들어가는 가벽의 모습을 볼 수 있다.

7-23. 유메부타이 와 호텔 전경

호텔 및 국제회의장 전경모습에서 뒤편으로 100단의 국화과 식물로만 식재된 화단이 보인다.

2. 오사카부립 사야마이케 박물관

건축개요
준공연도: 2001년3월28일 개관
대지면적 : 15,412.0㎡
건축연면적 : 4,948.47㎡
상설전시면적:1,815㎡

인간이 가장 기본적으로 운영하였던 물과 대지와의 관계성을 추구하는 토지개발사(土地開發史) 전문의 박물관이다. 오사카에서 머물지 않고, 동아시아적 시야에서 토지개발의 모든 자료와 정보를 수집하고자 노력하고 있으며, 토지개발사 (土地開發史) 의 학습과 연구센터의 역할을 하고 있다.
대지 바로 옆에 고대시대부터 존재했던 사야마이케 저수지가 있다.
사야마이케 제방의 단면을 그대로 절단하여 박물관 안에서 전시하고 있다.

7-24. 사야마이케박물관 전경

사야마이케박물관 전경 단순한 2개의 상자형과 사이에 골목을 구성한다.

사각형의 단순한 매스(덩어리)에 구조체를 선의 미학으로 전개시키고 있다.
자연스럽게 입구부분이 강조된다. 건축미학에서 사용되는 요소인 점,선,면을 모두 표현하고 있다.

7-25. 저수지의 모습

사야마이케는 7세기초경 탄생한 일본에서 제일 오래된 댐 형식의 저수지이다.

사야마이케를 고친 것은 나라시대부터 에도시대에 걸쳐서 일본역사상 중요한 인물들에 의해서 개수작업을 할 정도로 농업사회에서 중요성을 갖고 있다.

1400여년의 역사가 중첩된 제방인 것이다.

수변공간의 연출은 물과 대지의 관계성을 다룬 박물관의 성격상 당연한 건축요소로 정적인 물과 동적인 물의 요소로 또한 구분해 볼 수 있다. 물의 시각적 연출과 동시에 청각적 연출을 체험해 볼 수 있다.

버스와 같은 대형 주차장에서 접근할 때 담을 쳐서 시각적 공간적 경계를 만들고 있다. 이 주차장에서 진입시 좁고 작은 출입구를 거쳐서 진입하게 된다. 공간감각의 압축을 느낀다.

7-26. 박물관 출입구

진입로를 따라 가면 자연석과 같은 느낌의 벽과 인공의 콘크리트 벽 사이에 펼쳐지는 흙의 공간이 있으며, 진입구는 디자인적으로 강조되어 쉽게 관람객의 주의를 집중시킨다.

7-27. 자연스러운 동선의 유도

7-28. 경사로 한편에 설치된 시각장애인 유도블럭

좁은 입구를 ㄱ자로 꺾어 들어가면 갑자기 내부공간은 투명한 유리와 같은 물의 공간과 콘크리트의 단단한 벽으로 둘러싸인 공간으로 끌려들어간다.

벽은 곧 폭포와 같이 물을 따라 흐르게 하는 수벽으로 역할하며, 진입구는 원형의 경사로를 따라 들어간다.

수벽공간을 체험하는 것은 일생에 몇번 안되는 체험이 될 것이다. 매우 청각적으로 시각적으로 상쾌하며 독특한 공간을 연출하고 있다.

7-29. 벽을 타고 흐르는 물

물소리의 메아리로 사각형의 공간은 새로운 세계를 체험케 한다.

수벽을 밖과 안에서 체험이 가능토록 동선 체계를 계획하고 있다.

외부수벽으로 유도한 통로물이 만들어내는 공간적 건축체험은 실제 체험하지 않으면 모른다.

7-30. 내부의 로비 홀

7-31. 박물관 안내 데스크

내부로 들어서면 실내 디자인에서 안도 다다오의 건축언어를 쉽게 느낄 수 있다.

공조설비 부분도 면밀히 건축내부공간에서 디자인 되어지고 있다.

7-32. 원형 그대로 옮겨다 놓은 제방의 단층 전시물

사야마이케의 대지단층을 절단하여 그대로 박물관 실내부에서 전시하고 있다.

과연 어떻게 이것을 가능케 하였을까?

먼저 단층을 절단한 체 그 주변으로 건축물을 구축한 것인가?

아니면 절단한 단층면을 운반한 것인가?

1400여년간의 역사가 중첩된 제방의 단면이다.

실제 저수지의 구조와 토질의 특성을 원형 그대로 옮겨다 놓은 제방의 단층 전시물로서 지형의 적층 형태가 고스란히 드러나 보이는 이 제방은 특히 건립 당시의 기술과 공법 재료 등을 연구하는 주요한 사료이다.

7-33. 전시된 대지 단층과 전시 천장 조명

대지단층을 전시하느라 많은 비용을 소비하였다고 한다.

전시공간도 제방의 대지단층전시에 적합한 층고를 계획하고 있다.

즉, 박물관을 계획하고 설계하는 전 단계에 무엇을 어떻게 전시하고자 했던 전시계획이 선행하였던 것을 알 수 있다. 박물관의 전시계획 내용도 없이 박물관부터 만드는 우리나라의 실정과는 사뭇 다른 점을 발견하게 된다.

7-34. 관람 동선

관람자의 동선계획도 공간적으로 다양한 공간체험을 할 수 있고, 전시관을 관람할 수 있도록 관람시점을 제공한다.

7-35. 취수탑의 원형

수로문을 개폐하였던 수문장치인 취수탑이 원형 그대로 세워져 있다.

7-36. 석곽수로

7-37. 목곽수로

물을 채취하여 흘려보냈던 석곽수로와 목곽수로의 원형을 볼 수 있다.

고대인들의 치수에 대한 토목유구를 볼 수 있으며, 이러한 토목유구가 한국에서 전래되었다는 설명이 붙어있음에 놀라움을 금할 수 없다.

로마의 수로에 대해서는 잘 알고 있으나 고대삼국시대부터 한국에 수로가 있었다는 사실은 거의 모르고 있는 것이 현실이다.

이 박물관은 전시공간이 대부분 지하에 조성되어 있다. 전시장에는 저수지에서 발굴된 유물들이 주제별로 배치, 진열되어 있으며, 시대의 흐름에 따라 변화해온 저수지의 내력을 읽을 수 있도록 영역을 달리하며 보여주고 있다.

단순히 저수지 유적을 소개하는 것으로 그치지 않고 저수지가 만들어지는 성격, 즉 토지와 물의 관계성 등 사회성을 담은 메시지도 체계적으로 전달하고 있다.

7-38. 채광확보를 위한 창

취수탑과 박물관 건축공간은 절묘하게 조합하고 있으며 공간화 하고 있다.

7-39. 석재 전시물

7-40. 휠체어 리프트

국가적 토목사업이었던 제방을 쌓을 때 갖가지 석재를 총 동원 하였음을 알 수 있다. 또한 그 전시물을 온전하게 감상할 수 있는 시점을 제공함과 함께, 장애인을 위한 배려 역시 치밀하다.

7-41. 상층의 통로

7-42. 위층에서도 보이는 전시공간

전시장의 동선체계에서 전시장의 전체를 조망할 수 있으며 관람자가 어디로 가야할 지를 명확하게 해준다.

7-43. 전시장 사이의 휴게벤치

전시공간의 구성에서 동일한 바닥재료를 사용하지 않아서 공간의 변화감을 느낄 수 있다.

7-44. 엘리베이터와 경사로

7-45. 자료 검색대

각각의 내부공간은 다채롭고 지루하지 않다. 또한 관람자는 각종 자료를 조용히 숙독할 수 있는 공간도 이용할 수 있다.

내부 공간 디자인에서도 부드러운 목재와 차가운 콘크리트재료의 대비효과를 의도하고 있음을 볼 수 있다.

7-46. 목재와 콘크리트의 조화

7-47. 상층부에서의 채광 확보

전시공간에서 가장 중요한 설계 중 하나가 빛의 설계이다. 자연광과 인공광의 조화를 의도하고 있고, 그 자연광은 내부 전시관 깊숙이 들어온다.

전시 공간이 대부분 지하에 설계 되었기에 내부 공간 곳곳에 자연광 확보를 위한 개구부 디자인이 되어 있다.

7-48. 채광장

7-49. 난간과 핸드레일

난간과 핸드레일의 디자인 또한 단순하면서도 치밀한 디자인을 구사하고 있다.

7-50. 회랑공간에서 본 출입구

7-51. 두 콘크리트 사이에 조성된 물길공간

7-52. 벽을 타고 내리는 물

직사각형의 공간은 원형의 진입로 공간과 조합하고 있으며 물과 나무와 유리와 콘크리트의 융합을 도모하고 있다.

7-53. 중앙에 선큰 마당처럼 조성된 움푹파여 오픈된 지하공간

7-54. 물길공간과 연결부분

7-55. 수직으로 떨어지는 워터커튼

내부도 외부도 아닌 매개공간 속에서 관람자는 착각을 일으킨다. 외부인 내부에서 다시 내부로 진입하지만 그곳 역시 내부는 아니고 수벽공간으로 막힌 외부이다.

불확실한 경계, 내·외부의 모호함을 체험한다.

7-56. 박물관 외벽

7-57. 출입구

7-58. 출입구의 진입 통로

구조체와 벽체는 구별되며, 콘크리트와 유리의 사용은 안도다다오의 대표적 건축언어이기도 하다. 처마공간과 같은 매개공간의 사용은 이 공간을 이동하는 관람객에게 자연과 건축을 항상 함께 느낄 것이다.

의도된 자연으로 주변공간과의 차단을 시도하여 사야마이케 박물관 관람이 끝나 밖으로 나오자 석양을 볼 수 있었다. 이 저수지를 만들었던 1400여년전 고대 백제인들도 이 석양을 보았을 것이다.

제8강 관서지역의 건축-안도 다다오 2

1. 빛의 교회

건축개요
대지면적 : 838.6㎡ 건물연면적 : 113.0㎡ 준공 : 1989년 준공

오사카의 한적한 주거지에 위치한 이 교회는 직육면체의 매스형태를 띄고 있다.
예배당과 출입구를 분리하는 벽으로 15도 경사 각도로 분절되었다.
제단의 뒷편 벽에 십자가형의 개구부를 통해 예배당 안쪽 깊숙이 빛이 비춰지며 경건한 종교적 공간을 연출하고자 의도하고 있음을 알 수 있다.

8-01. 십자가 모양으로 빛이 들어 오는 예배당 내부

안도 다다오는 교회내부의 신도들의 마음에 빛으로 신의 은총을 표현하고 있는 듯하다. 종교란 믿음이며, 그 믿음의 신념을 빛으로 증명하고 있다.
건축이란 이렇게 건물이라는 물체에서 벗어나 사람에게 상징과 의미로 세워짐을 보여주고 있다.

8-02. 이바라키 주택가에 있는 빛의 교회

외부에서 보여지는 빛의 교회는 무표정이며 드러나 있지 않다. 오히려 복잡스런 일본의 속된 가로공간과는 차단시키고 있으며, 성스러운 종교공간으로 만들고자 내부공간에서 건축적 표현을 빛의 힘으로 해결하고 있다.

8-03. 빛으로 만들어진 십자가형상

남측으로 난 십자가 형 개구부는 태양의 고도와 각도에 따라 시간마다 빛의 그림자는 움직이고 항시 변화하는 자연의 힘을 느끼게 한다.

빛을 이용한 공간 연출법은 안도 다다오가 즐겨 사용하는 건축 표현법이다.

르꼬르뷔제의 롱샹성당에서 얻은 깨달음일 수도 있다.

외부장식의 십자가만이 이 건물이 교회임을 알 수 있게 한다.

외부에서 교회내부로 진입하는 데는 교회내부로 직접 진입할 수 없고 몇개의 전이 공간을 거쳐 진입할 수 있도록 설계되어 있다.

8-04. 교회 앞마당

8-05. 공간층으로 구성된 전이공간

교회 앞마당은 작은 전이공간으로 몇겹의 공간층을 구성하고 있다.

속세로부터 격리시키고 마음을 정화시키는 장치이기도 하다. 신도들은 오로지 무언의 벽에 비춰지는 빛과 그림자의 공간을 지나가며 일상의 공간에서 벗어나, 신의 공간으로 들어감을 준비한다.

8-07. 예배실 앞의 사이공간

8-06. 예배실과 사이공간

소규모의 교회공간이나 그 공간의 구성은 진입공간에서부터 차별화 된다. 고대의 신전과 같은 교회의 내부공간은 빛의 세계에서 빛과 어둠의 세계로 들어가도록 의도하고 있다. 이 때, 15도 각도로 차단된 벽체는 또 한번의 전이공간을 거쳐서 진입할 수 있도록 구성하고 있다. 마지막 단계의 마음의 정화장치라고나 할까.

8-08. 널빤지로 된 바닥

8-09. 제단

제대공간이 오히려 신자석보다 아래로 내려와 있다. 예수님의 겸손한 정신을 구현하는 듯 하다. 이 건축은 목사의 설교와 그 이야기를 듣는 청중인 신자로만 구성된 공간으로 완성된다. 바닥면은 깊은색상으로 도색된 판사로 구성하고 있다.

빛은 이 바닥에 내려와 검은 그림자의 색상과 함께 조화된다.

8-10. 은은하게 예배실에 드리우는 자연광

천장부에는 그 어떤 장식이나 조명도 설계하지 않고 있다. 오직 자연광으로만 실내부를 비춘다. 흐린날은 흐린대로, 쾌청한 날은 그 쾌청한 빛이 투사될 것이다.

실내공간은 전면부 빛의 십자가의 정방형체의 크기를 3배 곱하면 이 교회 내부바닥공간의 크기가 되도록 안정된 정수비례를 취하고 있다.

8-11. 교회 안쪽의 모임공간

안도 다다오의 벽은 노출 콘크리트임과 동시에 벽 사이의 틈으로 빛이 스며들게해 벽 자체의 중량감을 제거한다. 또한 이동공간에서의 압축과 팽창감의 연출은 안도 다다오 건축 전반에 나타나는 표현기법이다.

교회 내부의 중정은 가로공간에서 외부와의 차단으로 다른 공간임을 암시한다.

8-12. 주일 학교 입구

8-13. 1999년 증축된 주일학교

10년 뒤 증축된 이 공간은 주일학교이다. 집회실과 도서관, 주방 등 신자의 활동에 필요한 설비를 갖추었다. 여기에는 중2층의 공간으로 구성되어 있다. 안도 다다오 특유의 건축표현인 노출콘크리트의 벽체는 상부에서 스며드는 틈새의 빛으로 천장의 부유감을 연출한다.

8-14. 중 2층 공간

8-15. 일본산 합판으로 된 바닥

8-16. 내부 자료실

증축된 건축물의 내부공간은 따뜻함을 느끼게 하는 목재로 구성되어 있으며 좁은 공간들의 연속으로 구성되며 계속 변화감을 느끼게 한다.

노출콘크리트의 표현은 안도 다다오의 대표성을 나타내나, 마감재를 사용하지 않음으로 공사비 절감의 효과도 노릴 수 있다.

2. 물의 절

건축 개요
위치 : 효고현
준공 : 1991년
대지면적:2,990.8㎡
건축연면적: 417.2㎡

오사카만을 한눈에 조망할 수 있는 언덕에 위치하고 있다.
원형의 연못 위에는 생명을 지닌 수련이 불교사원의 지붕을 대신 하고 있다.
연못의 수면 가운데를 향하여 지하층의 홀로 진입하며 빛은 어둠으로 바뀐다.
법당은 연못 하층 공간에 구성되어 원형의 사원형태 가운데 법당은 사각형의 공간으로 구성되었다. 4m 간격의 기둥이 에워싸고 있다.

8-17. 이중벽에 둘러 싸여 떠 있는 듯한 연못

연꽃이 불교사원의 지붕으로 구성되도록 의도하고 있으며 하늘로 부터땅으로 부터 신의 존재를 수련이 떠있는 수면 위의 세상에서 예감한다.

8-18. 안내판

진언밀교의 고찰인 본복사 수어당의 설명을 담은 안내판이다.

동경대 교수인 안도 다다오의 설계임을 자랑하고 있으며, 서측의 태양광이 스며들면 불당내부는 극락정토에 있는 듯 감동적인 공간임을 설명하고 있다.

본존 약사여래는 이 지역의 중요 유형 문화재임을 밝히고 있다.

8-19. 혼푸쿠지(물의 절:수어당)로 가는 길

주차장에서 내리면 주변 무덤지역을 관통해서 접근해야 한다.

본당으로 가는 길은 곡선형의 길로 구성하여 진행방향에 대한 기대감을 상승시킨다.

8-20. 흰 모래에 덮여 녹음에 둘러싸인 길

8-21. 직선의 벽

수어당 입구에 다가가면 안도 다다오 특유의 노출콘크리트 가벽이 우뚝 솟아 있으며, 이 곳 역시 가벽과 상대적으로 좁게 느껴지는 입구를 통과하도록 계획 설계하고 있다. 따라서 넓은 외부에서 좁은 공간감을 느끼도록 심리적 압박감을 준다.

좁은 문을 들어선 내방객은 곡선형의 자갈이 깔린 벽을 따라 수어당으로 유도된다. 외부공간을 사람의 체험에 따라 새로운 공간으로 느끼도록 공간구성을 하고 있다.

8-22. 직선과 곡선형의 벽에 끼워진 흰 모랫길

외부의 속세공간은 가벽의 벽체를 통해 차단되고 걸러져서 신성한 종교공간으로 다시 보여진다. 여기에서도 벽면의 반사 빛과 그림자로 심리적으로 압축된 공간이 되며 곡선형의 벽으로 빨려 들어가는 듯한 동선체계를 구성하였다.

8-23. 원호 모양 벽을 따라 벽끝을 돌아 펼쳐진 연못

새롭게 정화된 외부공간을 느끼며 신자 또는 방문객은 곡선형의 벽면에 유도되어 갑자기 펼쳐지는 수어당과 만나게 된다. 수어당 상부면의 연못은 자연이 빚은 형상으로 사계절 변화하면서 보여진다.

8-24. 연못 중앙 계단

본당의 입구에 들어서면 수면 밑으로 하강하도록 동선을 만들어 자연광에 익숙했던 방문자는 어둠 속 신의 세계로 안내되어진다.

8-25. 본당으로 내려가는 계단

8-26. 본당 내부를 알 수 없다.

입구에서는 동선을 ㄱ자로 꺽이도록 설계하여 아무것도 보이지 않고 아무것도 예측할 수 없다. 강력한 콘크리트의 기하학형만이 보일 뿐이다.

안도 다다오는 이러한 물을 통하여 현실세계와는 다른 불교세계의 영역임을 의도하고자 했던 영역의 경계성을 극명하게 표현하고 있다.

8-27. 서측 개구부로 들어 오는 빛

입구 복도에 들어서자 어둠 속에서 갑자기 밝아오는 극락정토의 세계를 상징하듯 붉은 색의 나무로 구축된 좁고 높은 회랑을 만나게 된다.

8-28. 불당공간

어둠 속에서 원형공간 속에 사각형의 불당공간이 격자형의 문으로 구획되어지고, 그 속에는 약사여래가 등 뒤편에서 빛을 발휘하며 안치되어 있다.

반대편 약사여래 등쪽에서 바라본 모습이다. 빛이 들어 올 수 있도록 개구부가 설치되어 천공광이 실내부로 눈부시도록 밝게 비춘다.

은은하게 최소한의 빛만으로 공간으로 유도한다.

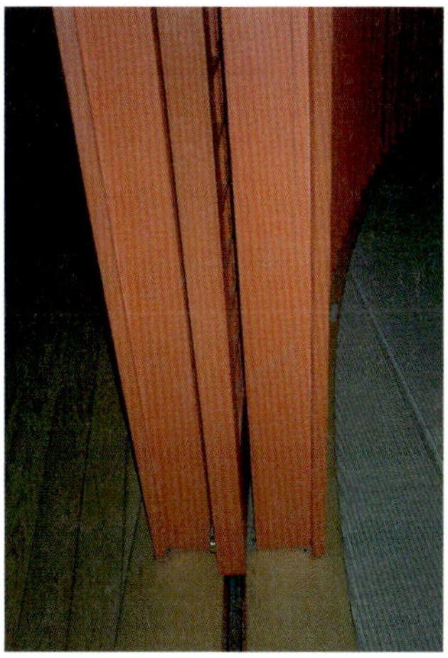

원형의 회랑에 맞추어진 격자문은 나무벽체 사이로 들어가 좁은 회랑의 공간에 전혀 장애가 되지 않는다. 매우 어두운 공간으로 구성되어 있어 출입구쪽의 빛은 유난히도 밝게 느껴진다.

출입구 쪽에 건축작품의 우수성을 표창하는 협회상의 패가 벽체에 삽입되어있고 반대측에는 또다른 실이 마련되어 있다.

3. 바람의 교회

건축 개요 :
록코산 정상부에 위치한 바람의 교회는 무형의 자연요소 바람을 건축적으로 적용하고 있다. 통로가 2.7m의 폭, 길이 41m의 길이로 동서방향에서 15°각도로 기울어져 있다.
정방형 2.7m의 통로부는 콘크리트 구조로 지지되어 프레임 속에는 젖빛유리로 구성된다.

8-29. 오리엔탈 호텔입구

8-30. 오리엔딜 호텔의 정원

록코산 정상부에 위치한 바람의 교회는 오리엔탈 호텔 정원에 위치한 결혼식을 위한 교회이다. 일본의 독특한 결혼식 풍습에 대해서 이해를 해야 왜 이 교회가 로코산 정상에 호텔의 정원에 설계되었는지를 알 수 있다. 전면에서 보이지 않으며, 호텔 로비를 통해서 진입할 수 있다.

8-31. 교회 통로 전경

동서로 15° 각도로 기울어져 세워진 일명 콜로네이드 통로는 2.7m의 콘크리트 정방형 프레임으로 지지되어 41m의 통로길이를 갖고 있으며, 젖빛유리로 구성된다.

8-32. 통로

지붕도 젖빛유리로 끼워져 있으며, 보울트 구조로 구성되었다.
양편이 뚫린 구조로 되어있으며, 산 정상 부분이라 바람이 통과하기 쉽다.
록고산의 풍부한 바람과 그 소리를 느끼게 하는 악기상자라고나 할까.

보울트 구조의 천장부분의 프레임에는 조명장치가 삽입되어 있다.

8-33. 통로에서 전이공간으로의 계단

건축조형의 표현요소 중, 면과 선의 만남을 충분히 체험하게 하는 공간구성을 하고 있다. 바람의 교회답게 바람이 지나가고 그 소리를 느끼게 하는 시각적 음율장치와 같다. 지면에서 계단으로 상승감을 갖도록 한다.

8-34. 노출 콘크리트

안도 다다오의 전형적인 노출콘크리트 건축표현 기법을 보여주고 있으며, 콘크리트는 틈새의 빛으로 중량감이 제거되어진다.

8-35. 오른쪽으로 꺽어서 진입하는 출입구

8-36. 성수대

본래의 목적 공간인 예배공간으로 진입하는 부분으로 직각으로 만나게 동선계획을 하고 있다.

입구 부분에 설치된 성수대가 있다. 자연의 요소를 장면적으로 한정하여 체험하게 한다. 시각,청각, 촉각을 자극한다.자연과 건축이 독립적으로 존재하는 것이 아니라 여러 자연요소들이 건축에 의한 추상적인 장면으로 한정되어 인간에게 다른 자연으로 와 닿게 하는 것이다.

예배공간으로 들어가는 곳은 어둠으로 가득차고, 틈 사이로 외부의 천공광이 내부로 스며든다.

8-37. 예배당

안도의 전형적 노출콘크리트의 사용과 동시에 모서리의 틈과 천장과 벽이 만나는 곳에서 스며드는 빛으로 각 벽면과 천장은 부유감과 동시에 중량감을 경감시키며, 독립적인 요소로 지지된 듯한 느낌을 받게 한다.

8-38. 측면의 전면창

인공적인 조명을 극소화 시키고 있으며, 빛의 교회와 마찬가지로 천공광만을 도입하여 실내조명을 계획하고 있다. 자연을 적극적으로 건축과 융합시키고자 한 건축가의 의도가 강하게 느껴진다.

8-39. 바닥 측면 아래에 설치된 공조시설

공조시설도 건축화 시키고 있으며, 일본전통건축에서의 스키야와 같은 절제미를 표현하고 있다.

측광에서 비춰지는 빛과 시시각각 변화하는 자연의 현상은 바람의 교회 내부 공간에서 일체화 되어 체험하게 된다.

이 곳에서의 이벤트는 이 공간에서 머물렀던 인간에게 깊은 기억을 남길 것이다.

8-40. 바람의 교회의 전경

콜로네이드라 불리우는 통로공간과 종각과 일체화된 예배공간, 그리고 외부를 차단하여 새로운 영역임을 표현하는 자립 콘크리트벽으로 구성되어 있는 바람의 교회는 소규모 교회임에도 매우 강렬한 인상과 기억을 남긴다. 이 곳에서는 결혼식을 위한 이벤트 공간으로 사용될 뿐, 예배공간으로는 사용되지 않는 일본사회의 단적인 면을 보여주는 곳이다. 궁극적으로는 교회가 아닌 것이다. 교회의 형식을 빌린 결혼식을 위한 결혼식 이벤트 공간인 것이다.

제9강 관서지역의 건축-안도 다다오 3

1. 타임 TIME`S Ⅰ

건축 개요
위치 : 교토(東京) 나카교
대지면적 : 485.8 m2
건축면적 : 107.9 m2
구조 : 철근 콘크리트 블록조
준공 : 1991

TIMES는 교토 한복판을 흐르는 다카세 강(高瀨川) 과 산조 거리가 교차하는 곳에 있다. 다카세 강은 폭 5m, 수심이 10cm 쯤 되는 수운용 운하이다.
이 운하는 메이지 시대와 비와코(琵琶湖)수로가 개통되기까지 교토의 수운을 주로 담당해 온 중요한 운하로서 사람들이 일상 풍경에 빼놓을 수 없는 존재였다.
단순히 수로와 접하는 건물 면을 개방적으로 구성하는 외관에 치중된 디자인이 아닌 글자 그대로 강물이 건물 안으로 들어올 것 같은 긴장감 있는 관계를 건물과 강물 사이에 만들어 내는 것을 목표로 했다.

이곳에 수변공간과 건축을 융합시킨 안도 다다오의 건축작법은 높이 살 만하다.
TIMES에 대한 특징을 3가지로 정리 해 볼 수 있다.
첫째, 건물 내부로 진입하는 동선체계를 강가의 수면 위치를 고려하여 설계하였으며, 단순화시킨 건물의 형태 디자인과 골목길을 구성하여 건물 내부공간의 변화를 추구하고 있다.
둘째, 외부 가로공간과 연계성을 갖도록 공간디자인을 시도하고 있다.
셋째, 수변공간의 위치와 건물내부의 공간이 융합되도록 의도하고 있다.

9-01. 다리에서 바라 본 'TIMES'의 전경

9-02. 다리에서 본 타임 건물의 측면

9-03. 다카세 강과 1층 테라스 라운지

가로공간과 수변공간을 연계 시키고 있으며 건물 내부에도 가로공간과 같이 골목길의 연속이다. 건물의 주 진입도 강의 위치와 연계시켰다.

9-04. 수변공간에 접해 있는 1층 테라스 라운지

얼핏 스치고 지나갈 수 있는 작은 상가 건물이지만, 작은 건물 하나에도 자연과 교감하고자 한 안도 다다오의 철학이 담겨 있다.

의류 매장이 들어선 건물 지하, 나카교 아래에 야외 테라스를 내어 강과 접근성을 높힌 것이다.

9-05. 가로공간에서의 접근 계단

9-06. 다카세 강

가로공간에서 계단을 따라 내려가면 바로 수변공간을 만날 수 있다.

내려가는 계단에서 강과 테라스를 바라 보면 하늘과 물, 버드나무와 바람을 활용하여 대기 원근법 같은 깊이감을 만들어 낸다.

마치 한폭의 그림과 같다.

겉으로 보기에는 강 위에 떠 있는 부유선처럼 조용히 단순한 외관을 갖고 있지만 건물과 주변 부지 내부에는 복잡한 길이 있어 옛 도시의 거리를 누비는 듯 한 느낌을 준다.

9-07. 2층으로 오르는 회랑 복도

9-08. 건물 내부 중정 공간

가로 공간에서 내려와 수변공간과 만나는 부분 1층 테라스 라운지 뒤편에 잡은 작은 중정 공간이 있다. 이 공간은 다음 공간으로 연결되는 골목길과 연결된다.

밝고 어두운 공간이 교차된다.

9-09. 중정공간에서 강을 바라본 모습

건물내부 중정공간에서 외부를 바라본 모습이다. 천공광이 건물내부로 비추어져 내려오고 시선은 강변으로 향하게 하여 수변공간과 자연의 사계절을 느낄 수 있도록 의도하고 있다.

중정공간 옆으로 난 골목길은 매우 좁고 어둡다가 갑자기 밝은 빛을 만나게 된다.

9-10. 중정공간에서 올려 다 보면 하늘이 보인다.

9-11. 내려가는 골목길 공간

9-12. 골목길의 끝

좁은 골목길의 끝은 막다른 골목길과 같이 보이나, 90° 로 꺾인 통로로 인해 우연적인 만남이 상시 일어날 수 있다.

9-13. 빛과 그림자

9-14. 빛이 주는 공간감

빛과 그림자의 극명한 대비효과를 연출하고 있다.
이러한 빛이 주는 공간감을 실내에서 체험하게 된다.

건물 내부 동선은 변화있고 다양한 공간구성으로 연속되어 있다.

건물 내부에서 보이는 제한된 자연의 하늘을 감상할 수 있다.

9-15. 2층 상점부

9-16. 상점의 앞 중정공간

9-17. 상점의 중정공간을 나오면 다시 수변공간체험

2층부에서도 내·외부공간은 관입되고 있으며 열림과 닫힘의 공간이 연속된다.

9-18. 계단의 위계 변화를 통한 3층과 2층 출입부분

입체적인 시선의 이동과 시점의 변화를 주고 있다.
막혀진 공간 같아 보이나 오른쪽으로 돌아 나가면 다시 건물 외부 공간을 만난다.

9-19. 중정앞의 상점의 쇼윈도우

열려있는 하늘은 건물 내부 깊숙한 상점의 쇼윈도우에도 채광성을 확보하게 한다.

9-20. 3층 옥외 공간

대지와 자연과의 관계를 고려하여 풍경을 건축내로 끌어 들이고자 했던 설계자는 강물이라는 자연 뿐만 아니라 하늘도 건축 내로 끌어 들이고 있다.

9-21. 1층 테라스 라운지

작은 공간이기는 하나 수변공간과 접한 휴식공간이 일상 속에서 여유로움을 더해준다. 상점의 공적인 공간을 골목 형태의 옥외 공간으로 만들어 건물 내 다양한 공간에서 다카세 강을 접할 수 있다.

9-22. 가로공간에서 2층 진입부

9-23. 2층에서 1층으로 내려가는 골목길공간 계단

9-24. 맞은편에서 바라본 모습

공간의 압축과 팽창, 매개공간의 사용, 개방과 폐쇄, 강가의 적극적 융합, 밝고 어두움의 반복, 동선의 미로적 구성, 레벨의 변화, 시점의 변화 등의 건축경험을 체험하고 나온 사용자는 이 건물의 실제적인 스케일을 착각하게 된다. 즉, 작은 규모의 건축물임에도 불구하고 대규모의 건물을 체험한 듯한 느낌을 받는다.

9-25. 1층 테라스

설계 당시 건축주와 관청의 반대에 부딪쳤지만 안도 다다오의 강력한 설계 의지로 잃어버렸던 수변 공간을 일궈낸 'TIMES' 건축물은 기대 이상으로 사람들을 끌어 모았다. 덕분에 건물은 상업적으로도 상당한 성공을 거두었다. 몇 년 뒤에는 인접한 대지에 있던 건물을 동일한 발상으로 1층에 테라스 공간으로 꾸며 수변 공간을 건물로 끌어 들였다.

9-26. 가로변에서 본 TIMES 건물

다리와 가로공간에서 건물로 들어설 때 영역의 전환방법이 이용되었는데 일단 1층으로 내려와 강의 레벨에 맞춰다가 다시 2층으로 올라 가는 영역의 전환방법을 이용하고 있다.

2. 산토리 뮤지엄(미술관)

건축 개요 :
건축주: Suntory 주식회사
주요용도: 미술관,아이맥스극장, 식당
대지면적 : 13,429.4㎡
건축면적 : 3,983.8㎡
설계기간: 1991.6월~1992.8월
공사기간:1992.9월~1994.10월
준공 : 1994년

오사카(大阪) 텐보쟌(天保山)의 카이유칸(海遊館) 공원에 위치한 산토리뮤지엄.
맥주와 위스키로 알려진 산토리 주식회사의 창업 90주년 기념사업의 일환으로. 1994년 11월 3일 산토리의 본고장 오사카 텐포잔 하버 빌리지에 세워졌다.
미술관으로 갤러리, 아이맥스영화관, 매점, 레스토랑 스카이 라운지 등이 일체가 된 복합문화시설이다.
바다에 직접 면하고 있는 뮤지엄은 그 독특한 외관과 함께 아름다운 수변공간과 광장으로 구성되어 오사카 항만지역에서 눈에 띄는 랜드마크가 되었다.

9-27. 산토리 뮤지엄

'산토리 뮤지엄'은 구체를 담고있는 역원추형와 두개의 커다란 직사각형 박스로 구성되어 있다. 이 원추형 공간 속에는 직경 32m의 아이맥스 극장이 자리잡고 있다.
상부의 직경은 48m이다. 상부에는 스카이 라운지와 갤러리가 위치하고 있다.
주 용도는 미술관이지만 복합 문화시설로써 뮤지엄이라 불리우고 있다.

9-28. 역 원추형 뮤지엄 입구

9-29. 역원추형 입구의 오른쪽으로 난 길

역원추형과 직사각형체는 중심성과 방향성을 보여주며, 바다를 향하고 있다. 입구는 극명한 방향성과 인지성을 나타내며 역동적인 기하학형을 띄고 있다.

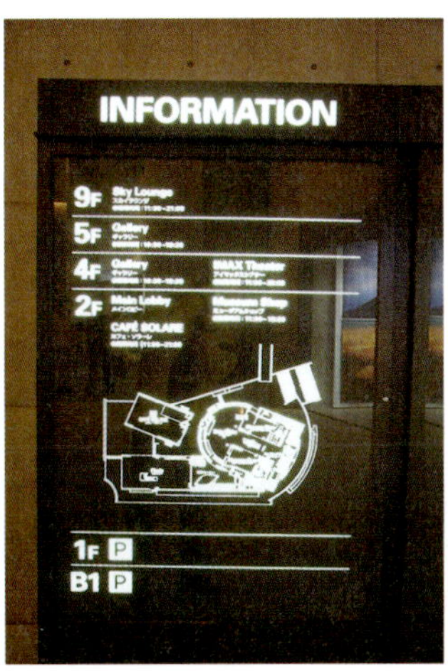

9-30. 안내판

9-31. 메인 로비

건물구성
지하1층,1층: 주차장
2층:메인로비, 뮤지엄숍,까페
4층:갤러리, 아이맥스극장
5층:갤러리
9층:스카이라운지

산토리 뮤지엄에서도 노출 콘크리트를 고집하고 있는 안도 다다오의 성격이 보인다. 육중한 기둥과 벽체를 구축하고 있으나, 벽체와 천장부의 접합부에는 빛을 발산시켜, 분리된 듯한 표현을 하고 있다.

9-32. 역원추형 내부에서 직사각형매스와 만나는 입구

9-33. 연결 부분

9-34. 역원추형 드럼 내부

9-35. 직사각형 매스의 내부

내부에 들어서면 조명의 효과와 내장재료의 질감으로 따뜻한 분위기를 느낄 수 있다. 그러나 강한 힘을 느끼게 하는 구조체가 실내부의 따스함과 대조를 이룬다.

태양빛의 따스한 간접 조명이 누드 콘크리트 실내에 온기를 더한다.

9-36. 들어 올려진 직사각형체의 1층 카페

9-37. 바다를 바라 보는 5개의 콘크리트 기둥

이 뮤지엄을 계획함에 있어서 건축가 안도 다다오에게는 친수공간을 만드는 것이 주된 포인트였다. 따라서 뮤지엄(미술관)으로 끝나는 것이 아니라 오사카의 해안과 나라해상을 뮤지엄(미술관)으로 어떻게 끌어들일 것인가 고민하였다고 한다.

해변에서 70m 떨어진 방파제에 세워진 5개의 콘크리트 기둥은 바다를 향한 경의를 표하는 듯 하다.

9-38. 직사각형 매스 하부

9-39. 매스 하부의 부 출입구 계단

직사각형체는 바다를 향하고 있으며, 내부에서는 바다로 열려 있다. 필로티로 들어 올려진 육중함과 함께, 역동적인 이미지를 연출한다.

9-40. 직사각형 매스앞의 해변 광장

9-41. 역원추형과 직사각형 매스의 결합 부분

노출 콘크리트의 구조체가 의장재료로 표현되며, 유리 창호로써 매스의 중량감을 경감시키고 있다. 또한 바다로 향하는 넓은 광장과 건물이 필로티 공간은 자연스럽게 연결되고 관입된다. 뮤지엄에서 바다쪽으로 조금 걸어 내려가면 길이 100m, 폭 40m의 광장을 만난다. 이 해변 광장은 계단과 경사를 통해 바다로 이어진다.

해변광장은 바다와 태양과 사람이 교차하는 만남의 광장이자 극장인 것이다.

9-42. 카페테리아 상부에 위치한 야외 휴게공간

9-43. 조형물

직사각형의 건물 옥상은 테라스 공간으로 활용되어져, 오사카의 바다를 조망하기에는 최고의 시점을 제공하고 있다.

투명한 유리창에 빛을 한껏 품은 오사카의 바다와 하늘이 담겨있다. 바다의 경관과 어울리는 여러 조형물이 설치되어 있다.

차가운 콘크리트와 철근으로 만들어진 따뜻한 건축물은 자연 속에서 자연 (바다, 태양, 바람 등)과 어우러져 자연의 일부가 된다

9-44. 계단 아래에서 위를 본 모습

9-45. 역원추형 안에 들어 있는 콘크리트 구

다시 실내로 들어 오면 역원추형의 저층부에서 최상층부까지 열려있는 공간구성과 함께 최고의 조망성과 채광성을 확보하고 있다. 창호의 구조프레임은 빛과 그림자의 반복으로 리듬감을 생성하며 매우 경쾌한 내부공간과 함께, 계단을 따라 내려오며 바다를 감상할 수 있어서 지루하지 않다.

9-46. 계단 위에서 본 야외공간 출입구

9-47. 콘크리트 구에 비춰진 태양광

콘크리트 구를 에워 싸는 계단 상층부에서 하층부를 내려 본 모습이다. 건축공간에서 사용된 면과 선의 미학을 만끽할 수 있다. 투명한 외피를 감싸는 프레임의 그림자가 내부 안으로 깊숙히 파고 들어 콘크리트 구 표면에 공간감을 느끼게 한다.

9-48. 콘크리트 계단의 미학

9-49. IMAX영화관 입구 홀

계단의 하부면까지도 치밀하게 설계되고 있음을 알 수 있다. 내부벽체는 원형 벽면임과 동시에 기울어져 있어서 색다른 내부공간감을 생성한다. 마치 바다를 향하여 진수되는 선박 속의 느낌과도 비슷하다.

9-50. 위에서 Information Center쪽으로 바라본 모습

이동 동선에서는 여러 시점을 제공하고 있으며, 공간적 압축팽창의 연출기법도 보인다.

9-51. IMax영화관으로 향하는 에스컬레이터

9-52. 주차장 입구

건축의 외장 디자인에서 면과 면의 대비와 함께, 항상 변화로운 디자인을 구사하고 있다. 기능성을 갖는 도로와 주차장 입구와의 모습과 함께 의장디자인의 통합과정을 확인할 수 있다.

9-53. 도로변에서 본 모습

원추형 건물매스와 직방형의 건물매스의 교차 관입의 모습을 도로의 시각축 상의 원경에서 볼 수 있다.

9-54. 가로공간

9-55. 보도 디자인

산토리 뮤지엄으로 진입하는 가로공간의 바닥 디자인도 변화 있는 색채 디자인과 동시에 선과 면의 디자인을 구성하고 있다.

식재공간과 스트리트퍼니처도 빠짐없이 구성하고 있다.

3. 나라시 고죠문화박물관

주소 : 나라현 고조시 야마쵸 930-2
1995년 박물관준공
1997년 별관차실준공
연면적:2021.4㎡

나라지역의 고죠(五條)산 정상에 위치한 박물관이다.
박물관은 원호를 그린 형태로 외부에 철판을 붙히고 있다.
평면적으로는 마치 도너츠형태를 띠고 있다.
위에서 보면 바움 쿠헨(독일의 나무 케이크)의 하나를 잘라낸 형태를 하고 있다고 하여 '고죠 바움 Gojo Baum'이라는 명칭이 붙어 있다.

9-56. 계단을 오르면 보이는 별관 화실

진입시 가장 먼저 보이는 장면으로 매우 인상적이다. 노출 콘크리트의 벽면이 나무를 감싸고 있으면서 구축되어져 있다. 자연을 존중한 설계임을 강조하고 있다.

9-57. 진입공간

9-58. 벽돌 계단

진입공간에서의 모습이다. 박물관의 입구는 3층에 있기 때문에, 우선은 엘리베이터 또는 양측으로 펼쳐진 벽돌 계단을 이용해야 한다. 계단이 양쪽으로 펼쳐져 올라갈 수 있도록 설계 되어 있다. 장애인의 경우는 엘리베이터를 타고 연결 브릿지를 건너 박물관 내부로 진입할 수 있다.

9-59. 실외 벽돌 계단

9-60. 벽돌계단에서 본 별관 모습

주차장 진입부에서 고죠문화박물관 별관인 차실을 바라본 모습이다.
벽돌 계단을 오르고 있으면 마치 고대의 성을 오르는 기분이 든다.
힘들지만 지그재그로 올라 가도록 동선을 처리 해 놓은 것은 고대 세계로의 진입과 올라 가면서 주변의 경치를 단계적으로 감상하도록 한 것 같다

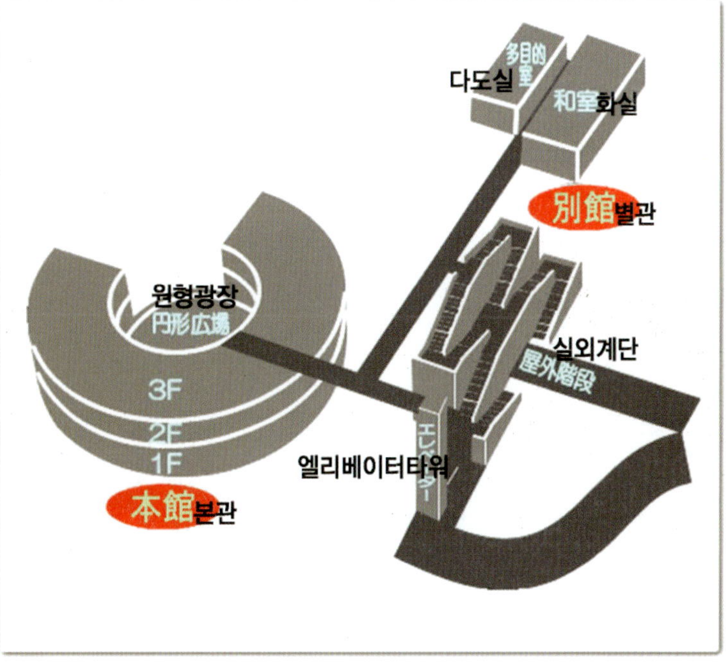

9-61. 고죠 박물관 안내도
(*도면출처 : 박물관홈페이지www6.ocn.ne.jp / ~ gojobaum /

9-62. 벽돌계단에서 바라본 엘리베이터 타워

9-63. 벽돌계단의 핸드레일

계단을 올라가면서 주변의 산 경치를 조망할 수 있다.

9-64. 엘리베이터 타워에서 본 모습

9-65. 타워 브릿지에서 주 출입구를 본 모습

고죠 문화박물관으로 진입하는 것은 3층 부분이다. 3층에서 2층, 1층으로 하강하며 박물관을 관람하도록 동선계획이 구성되었다.

9-66. 엘리베이터 타워와 브릿지의 모습

장애인 및 노약자를 위한 엘리베이터는 진입구에서 브릿지로 연결되어 있다.

9-67. 주출입구 진입부분

9-68. 천장 디자인

멀리 엘리베이터 코어에서 브릿지를 거쳐 입구로 진입하는 통로와 입구 천장의 모습이다. 바닥 패턴과 천장 패턴을 통합시키며 강한 방향성을 표현하고 있다.

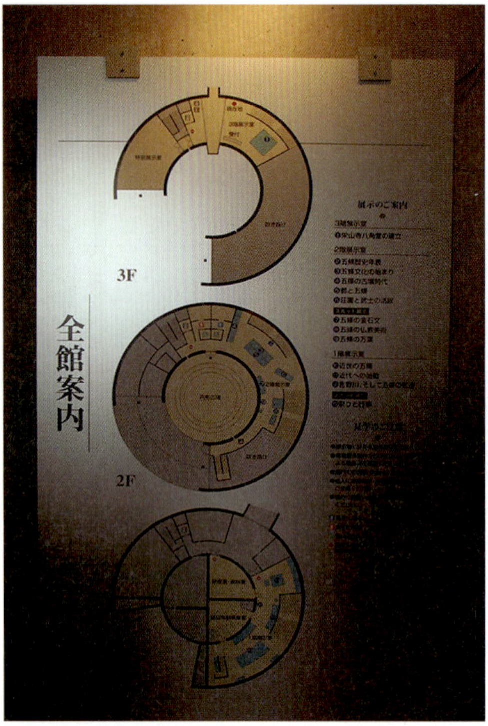

9-69. 전시안내판

9-70. 안내 및 티켓 판매데스크

입구에 들어서면 전체 박물관의 안내판과 안내 및 티켓팅을 관리하는 카운터가 있다.

9-71. 팔각당의 이미지를 현대화 함

9-72. 천장 디자인

입구에서 보이는 휴게 공간은 고죠가 자랑하는 문화재, 〈영산사(에이잔지)의 팔각당(八角堂)의 중앙공간 장식〉을 현대적으로 표현 한 것이다.

천장부분을 확대해 보면 빛과 전통 문양으로 화려하게 디자인되어 있다.

천장부분의 문양은 천평(天平)시대* 때 벽화의 꽃을 재현하고자 했다.

* 나라(奈良)시대 문화의 황금기를 말한다.

9-73. 바닥의 영상 스크린

9-74. 출입구 홀

바닥에서는 5면의 멀티 영상 스크린을 통해서 대륙문화(大陸文化)를 꿈꾸게 한다.

전통조형물에서 입구쪽을 바라 보면 외부와 입구는 꺽이어 들어오는 동선체계를 이룬다.

3층에서 내려다 본 것이다.

위 아래층의 중앙이 뚫려있는 공간구성을 하고 있어서 매우 높은 천장고로 설계되었다.

9-75. 3 층에서 바라본 2층과 1층 모습

9-76. 3층에서 2층으로 내려가는 통로

2층으로 내려가는 통로는 매우 좁은 느낌을 받는다. 돌아 내려가면 넓은 전시실을 만나게 된다.

9-77. 2층에서 올려다 본 모습

9-78. 2층 전시실

9-79. 벽면의 곡선에 따른 곡선 난간

2층에서는 고죠 지역 문화의 시작과 고분시대, 도시와 고죠, 고죠 지역의 장원과 무사에 관한 전시를 하고 있다. 2층부에서도 1층을 내려다 볼 수 있다.

9-80. 화장실 벽면

9-81. 통로의 벽면

9-82. 계단 참의 난간과 핸드레일

안도 다다오의 고집스런 노출콘크리트의 사용 기법을 볼 수 있다.

특히 실내 벽의 콘크리트 재질의 차가움을 완화 시키도록 계단 부분과 계단참, 전시장 바닥은 현에서 생산하는 목재로 따뜻하고 부드러운 공간을 만들어 내고 있다.

건축자재를 해당지역의 토산품이나 생산품을 이용하는 것 또한 안도 건축의 특징이다. 지역성과 문화성, 자연성을 살리는 건축가라는 감탄이 절로 난다.

9-83. 2층으로 내려가는 계단참

1층부터 2층, 3층이 모두 뚫려 있는 실내부의 모습을 볼 수 있다. 내려가는 계단에서도 아래층이 보이도록 디자인하고 있다.

9-84. 2층에서 1층을 본 모습

9-85. 2층에서 1층과 3층이 보인다.

전체적으로 내부의 모습은 원형의 모습을 하고 있어서 곡면의 계단과 통로 동선 또한 돌아가듯 진행된다. 직선보다는 전방의 공간이 살짝 보이는 기대감을 가지고 진행하게 된다.

9-86. 1층 전시실

9-87. 1층 전시 내용

1층은 근세의 고조 모습에 대한 다양한 내용을 전시하고 있다. 여기에서도 곡면의 통로로 계속 연이어져 있다.

9-88. 채광창

9-89. 1층에서 얼핏 보이는 2층과 3층 부분

곡선과 직선이 계속 교차되는 모습을 실내공간에서 볼 수 있다. 원형의 외부광장인 바움광장이 보이는 건물의 채광창이 보인다. 은은한 빛과 천장에서 조명이 부드럽게 실내를 감싸고 있다.

9-90. 바움광장과 전망 발코니

원형의 외부광장으로 나오면 건물전체가 도우넛 형태로 구성되었음을 알 수 있다.

위에서 보면 바움 쿠헨(독일의 나무 케이크)의 하나를 잘라낸 형태를 하고 있다고 하여 '고죠 바움 Gojo Baum'이라는 명칭이 붙어 있다. 이 원형 광장은 바움광장이라고 불리운다.

3층의 내부공간에서 나와 외부를 조망할 수 있는 버드아이(birdeye)의 전망 발코니가 보인다.

9-91. 원형체에서 잘린 단면 느낌의 창

9-92. 사무실의 채광창

외벽은 노출 콘크리트 구조 위에 철판을 피복하고 있다. 사무실 부분은 채광성이 매우 좋은 구조를 갖고 있고 수평적인 창틀의 모습이 보인다.

9-93. 수평적 창틀의 모습

9-94. 옥외 휴게공간

9-95. 콘크리트 철판

옥외 휴게공간으로 쓰고 있는 바움 광장은 한 여름에는 사용할 수 없을 정도로 뜨거운 태양이 내리쬔다. 단순한 기하학형의 콘크리트구조와 구조미를 볼 수 있다.

9-96. 바움 광장

외장재료로서 철판을 피복하고 있어서 한 여름에는 벽체를 만질 수 없을 정도로 뜨겁다. 버드아이에서 원형의 광장을 내려다 본 모습이다. 바움 광장의 한가운데 서서 소리를 내면 소리가 울린다.

9-97. 별관 : 화실

9-98. 화실의 외부벽면

고죠 문화박물관을 나오면 출입구에서 보였던 별관이 보인다. 통로과 인접한 화실과 다목적실이다. 주로 문화활동으로 이용되어진다. 화실은 일본식 다다미방을 말한다. 두개의 공간으로 나뉘며 중정 통로로 두 개의 공간으로 나누어져 있다.

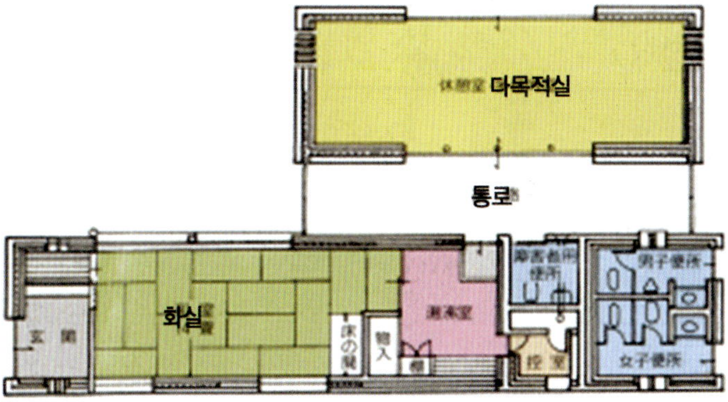

9-99. 별관 평면도 (*도면출처 : 박물관홈페이지www6.ocn.ne.jp / ~ gojobaum /

9-100. 별관 화실 입구

9-101. 출입구 상세

9-102. 다목적실 창호

9-103. 다목적실 내부

다목적 실 내부는 일본 전통 모티브를 도입하고 있다.
푸른색의 벽면 구성은 색다르다. 신발을 신은 상태로 들어갈 수 있다.

9-104. 화실

9-105. 도꼬노마

화실에서는 주로 차도, 꽂꽂이, 시민의 문화활동, 연수 활동으로 이용되고 있다.

창호부는 원형 또는 반원형으로 구성되나 샷시는 정형으로 구성되었다.

화실 바닥에는 차도를 행할 수 있는 화구 설비가 있다. 화실의 안쪽에는 현대판 도꼬노마의 모습이 보인다.

9-106. 차를 끓이는 화구

9-107. 출입 창호

다양한 형태의 개구부의 모습을 보이나 샷시는 모두 정형을 이룬다.

9-108. 도꼬노마의 맞은편 모습

9-109. 화실과 연결된 준비실의 모습

9-110. 화실 외부에서 본 모습

9-111. 화실 내부에서 외부 정원을 본 모습

반원형 개구부의 내외부에서 본 모습이다.

9-112. 내려가면서 본 엘리베이터 타워

엘리베이터 코어와 브릿지로 연결된 고죠 박물관과 인접한 별관 화실의 모습은 강한 기하학형을 사용하면서도 자연을 담고있다. 나무를 주제로 사용하고 있어서 매우 인상적이며 기억의 장면으로 연출하고 있다.

9-113. 별관 화실의 모습

제10강 동북지역의 건축

동북지역의 건축

10-01. 동북지역

1. 센다이 미디어테크(Sendai Mediatheque)

■ **건축가 : 이토 도요**

건축개요
위치 : 일본 아오바쿠 센다이시
대지면적 : 3949 ㎡
건축면적 : 2844 ㎡
연면적 : 21504 ㎡
규모 : 지하2층 지상8층
구조 : RC 부분 steel
시공 : 1997년 12월 17일 ~ 2000년 8월 10일
기능 : 2,3,4층 공공도서관 + 5,6층 전시시설 = 미디어 테크 (복합공공문화시설)
규모 : 도서관 (2층+3층+4층) 대규모 도서관
전시시설 (5층+6층) 중규모 전시장

10-02. 센다이 미디어테크

설계 개요 :
센다이(仙臺) 시 미디어테크(2001년)는 설계자 이토 도요가 추구하는 새로운 건축과 이에 대한 사람들의 반응을 흥미롭게 보여준다. 판과 기둥으로 얽어 언뜻 단순해 보이는 이 건물을 통해 주변 환경과의 조화, 건축가가 미리 정하지 않는 유동적인 공간 활용을 추구했다.

센다이시가 1994년 12월 설계 공모를 한 후 거의 6년 만에 '센다이미디어테크'가 준공되었다. 이 프로젝트의 기본적인 프로그램은 미술품 전시장 및 도서관과 시청각 관련시설이 포함된 복합용도의 건물을 요구하였지만 이 프로젝트의 주관자들은 기존의 사고방식에 얽매이지 않는 획기적인 계획 안을 원했다.

그들의 의도는 센다이 미디어테크가 예술과 같은 감성적인 매체, 서적, 데이터베이스와 같은 지적인 매체 등은 물론이거니와 멀티미디어와 같은 새로운 매체들을 함께 제공하는 공간이며 각 시민들이 자신의 창의적인 커뮤니케이션을 실현할 수 있는 공간으로 만드는 것이었다.

그리하여 공모전에서 최우수상을 수상한 이토토요 건축설계사무소에서 설계를 담당하게 되었다.

10-03. 가로변에서 본 외관

10-04. 층 마다 다른 표정을 가진 듯한 입면

동쪽과 북쪽 측면은 플로어에 따라 자재가 달라 플로어가 마치 다른 표정을 가진 듯 외부에 비춰 진다.

10-05. 유리에 새겨진 '센다이 미디어테크'

10-06. 커튼월 구조(외벽이 유리로 된 구조)

구조체가 미학적 요소로 그대로 노출되어 있으며 외벽유리가 이중 구조가 노출미를 더하고 있다.

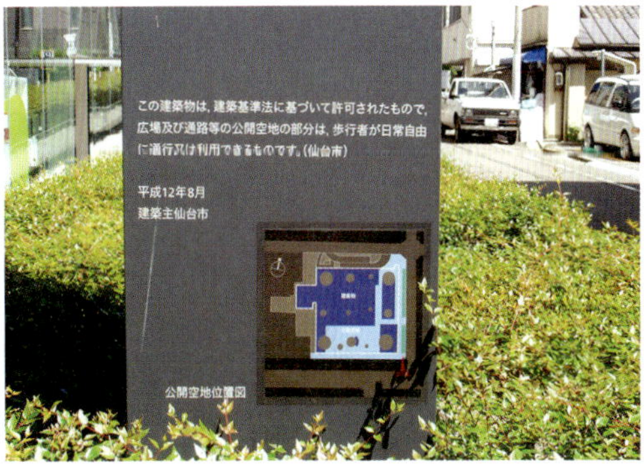

10-07. 안내판

10-08. 동측 출입구 측면의 모습

계획부지는 느티나무로 유명한 이 도시의 중앙도로변에 자리 잡고 있다.

10-09. 중앙도로 변에서 본 남측 출입구 모습

10-10. 1층 플라자

출입구로 들어 가면, 1층 플라자를 만나게 된다.

10-11. 가변형 벽체

10-12. 안내데스크

실내에 들어 가면 원통형의 코어 부분을 볼 수 있다. 원통형 옆의 사각형의 벽면은 Movable Wall로 가변형으로 회의가 있을 때 별도의 공간을 구성할 수 있도록 조절된다. 방문 당시 행사가 진행 중이어서 닫혀져 있다.

10-13. 1층에서 튜브를 바라 본 모습

10-14. 튜브 안의 계단

이 건물은 아주 단순한 1) 바닥 2) 원통(튜브) 3) 외피(벽) 이상의 세 가지 요소로 특징 지어진다.

10-15. 1층의 안내 데스크와 뒤편에 보이는 튜브

우선, 나무 형상의 총 13개의 튜브는 바닥을 관통하며 건물을 지지하는 절대적인 구성 요소이다. 이 튜브들은 신축성이 뛰어난 구소체로 3개의 튜브가 지하부터 옥상까지 건물 전체를 뚫고 솟아있다. 이 튜브들을 통해 공기 조절, 배관, 배선을 설비하는 한편, 엘리베이터와 계단을 설치해서 수직 동선을 담당하고 있다.

정확하게 계산된 각도로 짜여진 튜브의 철골은 실외의 햇빛을 반사하여 실내에까지 자연광이 비출 수 있도록 배려한 것이다.

10-16. 1층 안내도 : 음성안내

각 층에는 사진과 같은 안내도가 있다. 벽면 안내판도 있으며 모형도와 같은 안내도가 있다. 안내도 밑의 상자 같은 곳에서 음성 안내가 나온다.

센다이 미디어 테크의 바닥은 정사각형 슬래브로 소장된 매체의 형태별로 각 층의 높이는 모두 다르게 설계되었다. 하지만 각 층 바닥은 서로 유기적으로 연결된다.

10-17. 1층 플라자의 화장실

10-18. 2층 에스컬레이터

안내 데스크의 다른 편에는 화장실이 있으며 사진과 같이 바닥에는 장애인을 위한 유도 블록이 설치되어 있다. 그 옆에는 2층으로 올라 가는 에스컬레이터가 있으며 그 옆에 보이는 것이 가변형 벽체로 만들어진 공간임을 알 수 있다.

10-19. 시민도서관의 서가

10-20. 휴게공간

1층에서 에스컬레이터를 타고 위로 올라가면 2층에 위치한 시민 도서관을 만날 수 있다. 내부 의자의 디자인이 독특하다.

미디어테크란?

미디어테크는 media와 불어 theque라는 선반 또는 용기의 합성어이다.

기존의 도서관의 물질적인 기능인 정보의 수집 분류 보관 저장의 물질적인 기능에 멀티미디어 자료의 관리 및 제공 그리고 검색을 지원하는 도서관의 개념을 부가하고 그리고 갤러리 자료관 극장 교육시설 등의 다양한 형태의 정보(미디어)를 한 곳에서 복합적으로 수용하며 문화적 여가활용은 물론 사회교육시설로서 작용하게 하는 등 방문객이 기존의 도서관과는 달리 한곳에서 사람과 사람, 사람과 정보 간에 더욱 더 많은 정보를 얻고 지식을 창출하게 하는 곳이다.

10-21. 천장 조명 시설

10-22. 튜브

조명시설은 건축화 되어 있으며, 천장의 구조체가 노출되어 있다.

튜브 부분과의 연결 부분은 닫혀져 있는 오픈 되어 있는데 이것은 상부의 공조 시스템 때문이다. 튜브의 상부에는 개패 시스템을 사용하고 있는데 이것은 공조 비용을 최소화 하기 위함이다. 여름에는 기구를 열어 내부에 상승기류를 일으킴으로써 유리 표면을 냉각시키고, 반대로 겨울에는 기구를 닫아 단열성이 높은 공기층을 형성하는 방식으로 공조 시스템을 운영하고 있다.

10-23. 도서관의 창문부분

2층의 남측면을 보면 느티나무가 쫙 펼쳐진다.

느티나무 가로수길을 바라보며 휴식을 취할 수 있다. 느티나무의 외부 가로공간을 내부에서 그대로 조망 할 수 있는 것이다. 창문에 면한 바닥에는 에어컨디션 기능이 있다. 상부의 개폐 시스템과 함께 자연적 요소와 인공적 요소가 함께 흐르는 새로운 공간을 제공하고 있는 것이다. 커튼월인 유리 벽에 부딪치지 않도록 유리면에는 눈높이에 맞게 문양이 넣어져 있다.

10-24. 도서관의 내부 모습

10-25. 내부에서 가로공간을 본 모습

10-26. 사용자를 위한 대여 회의실

10-27. 튜브안의 엘리베이터실

1층과 2층의 건물에서 본 것과 같이 전시공간을 제외한 다른 공간은 구획이 없다. 벽이나 다른 무엇이 공간을 인위적으로 가르지 않으며 심지어 회의실 자체도 투명하다. 사용자를 위한 대여 회의실은 가변성이 있는 유리 벽체로 되어 있다.

구조적 특징으로 인해 건물을 받치기 위한 벽이 필요없다.

10-28. 2층 시민도서관

10-29. 엘리베이터 실의 측면

10-30. 누드 엘리베이터의 설비 부분

10-31. 7층 평면 안내도

10-32. 안내 모형도

10-33. 7층 미디어 실 입구

엘리베이터를 이용하여 바로 7층으로 올라간다. 엘리베이터를 나오면 미디어 실과 만나게 된다. 내부의 유선형 공간벽과 형광등을 이용한 천장 디자인이 인상적이다.

10-34. 휴식을 위한 엘리베이터 주변 의자

10-35. 건축물과 어울려진 디자인 가구

정확하게 계산된 각도로 짜여진 튜브의 철골은 실외의 햇빛을 반사하여 실내에까지 자연광이 비춘다.

10-36. 인공조명과 어울려진 자연 채광

10-37. 멀티미디어 부스

10-38. 서쪽면 루버 스크린

서쪽 면은 금속 루버 스크린으로 덮여 얼핏 보면 건물의 볼륨으로부터 떠 있는 듯 보인다.

10-39. 미디어 자료실 서가

7층에는 스튜디오라 이름 붙여진 여러 다양한 영상 음향 자료에 접근할 수 있게 되어 있는 미디어 라이브러리가 있다. 3/4층이 종이라는 미디어를 사용한 정보교류의 장이라면, 7층은 전기라는 미디어를 사용한 정보 교류의 장이라고 할 수 있을 것이다 180석 규모의 영화상연 공간과 영상, 음향 라이브러리, 그리고 출판, 영상, 음향물을 직접 제작할 수 있도록 하는 스튜디오를 가지고 있었다.

10-40. 튜브

10-41. 업무용 엘리베이터

건물 내부 곳곳에서 보이는 튜브형의 구조체미를 발견 할 수 있다.

10-42. 6층 로비에서 보이는 유리벽

10-43. 전시관 6층의 로비부분과 로비의 가구디자인

이토 토요는 채광성을 중시한 건축 디자인을 추구하였다. 유리 외벽이 면이라면 건물 내부에는 선적 구성요소가 돋보인 구조체가 자리 잡고 있다.

10-44. 튜브속 계단을 통해 4층이 보인다

10-45. 남동측 계단 튜브

건물 남동측의 계단으로 이용되는 5번 튜브는 이 건물에서 가장 큰 튜브이다. 내부에서 튜브의 구조를 체험할 수 있어 이곳을 찾는 사람들에게 인기 있는 곳이다.

10-46. 3층 도서관과는 다른 천장 디자인

10-47. 5층의 가구 디자인

각 층의 인테리어와 엘리베이터 코어, 로비부분의 가구 디자인이 다른 이유는 카즈마 세지요, K. T. 아키텍쳐, 로스 러브그로브, 카림 라쉬드와 같은 여러 건축가에 의해 각각 디자인되었다.

5층은 고정벽으로 공간이 나누어진 유일한 공간이다.

높이가 3.3m라서 갤러리 3300으로 이름 붙여진 이 공간은 주로 지역 커뮤니티의 친근한 작품 전시 공간으로 이루어지고 있는 늣 했다. 방문했을 때는 미술전시회가 이루어지고 있었다.

10-48. 미술 전시회가 열리고 있는 5층

10-49. 5층의 사무공간

10-50. 3층 도서관 안내판

10-51. 일렬로 늘어선 서가

10-52. 2층으로 내려가는 에스컬레이터

3층-4층의 도서관이다.

2층과 다르게 높은 천장을 가지고 있다. 그 이유는 4층을 포함하고 있기 때문이다. 수직 동선을 담당하는 큰 튜브를 중심으로 중2층의 형태로 되어 있다.

10-53. 3층의 휴게공간

10-54. 실내의 반간접 조명들

10-55. 도서열람실의 모습

10-56. 레퍼런스 뒤편으로 보이는 중2층의 열람실

3층의 열람실 옆쪽으로 중2층으로 된 4층으로 올라 가는 계단과 유리벽이 보인다. 레퍼런스 뒤편으로 반 개방형의 열람실이 보인다.

10-57. 안내 데스크의 모습

10-58. 중 2층에서 아래의 서가를 내려다 본 모습

10-59. 일렬로 배열된 하얀색의 서가모습

10-60. 중 2층 : 4층 부분에 해당하는 개인 열람실

10-61. 4층의 열람 데스크 모습

10-62. 4층의 안내 데스크

10-63. 3층의 안내데스크

10-64. 도서안내 검색대와 프린터

10-65. 사용적 약자를 고려한 편의시설들

센다이 시민들에게 지식의 자유와 예술의 기쁨을 전하고자 설립된 미디어테크는 모든 사람들에게 최첨단 지식과 문화를 제공한다는 이념 아래 다양한 서비스를 제공하고 있다. 특히 정보 이용에 있어 모든 장애를 제거하는 것을 목표로, 장애인을 위한 시설 마련에 더욱 신경을 쓰고 있다. 시각장애인과 청각장애인을 위해 점자 도서와 녹음된 도서를 확충하는 한편, 자원 봉사 프로그램을 통해 장애인도 자유롭게 시설을 이용할 수 있도록 하는 등 장애인의 도서관 이용을 적극적으로 지원하고 있다.

10-66. 2층 오픈 회의실과 신착자료

10-67. 인터넷 검색대

2층 인포메이션 센터의 모습이다. 센다이 미디어테크의 활용을 위한 정보를 제공하며, 신착잡지, 그룹 회의실, PC 검색대 등이 있다.

10-68. 1층 로비에 있는 카페

다시 1층으로 내려 오면 '플라자'라고 불리는 넓은 오픈 스퀘어가 있다.
여기에 카페, 뮤지엄 Shop 등이 위치해 있다.

10-69. 가로변에서 본 미디어테크 정면 모습

10-70. 북측면의 루버와 루버 안의 피난 계단

주 도로와 마주하고 있는 건물 남쪽면은 '이중 판유리 스크린(이중 외피)'으로 덮여 있고 수평 줄무늬는 외부와 내부간 미묘한 시각적 구분 효과를 창출한다. 낮에 빛이 반사되거나 이중 유리를 관통할 때 건물의 모습은 계속 바뀐다.

북측면에는 루버와 루버 안에 외부 피난 계단이 있다.

〈잠깐~!〉 최근의 이토 도요의 작품경향

최근의 이토 도요의 작품경향생명체의 유기체적인 모습을 건축공간에 담고 있다.

하라주쿠 오모테산도에 위치한 TOD'S 매장 건물. 외관이 나뭇가지 모양으로 디자인되어 있다고 해서 '트리 빌딩(TREE BUILDING)'이라는 이름이 붙여졌다.

제11강 동북지역의 건축 2

1. 미야기 현립도서관

건축 개요 :
준공 : 1998년
주소 : 센다이시 이즈미구 시바야마1-1
설계 : 하라 히로시(はら ひろし)+아트리에 화이건축연구소
시공 : 大林·鴻池·深松JV

설계 개념 :
설계자는 외부공간의 "언어의 바다"라는 지형광장과 유리로 된 아트리움 안의 은빛 볼륨(서고와 관람실)이 지표면에서 들어 올려 진 느낌으로 설계를 하였다.
건축물의 안과 밖에 있는 안내판, 사인보다, 가구들은 코스스, 川俣 등의 현대 예술가들에 의해 만들어진 디자인들이다.

■ 건축가 : 하라 히로시 (はら ひろし)

가나가와 현 출생
1959 년 도쿄 대학 공학부 건축학과 졸업
1997 년 도쿄 대학을 정년퇴임 한 뒤 도쿄대 명예 교수의 칭호를 얻음.
현재는 세계의 마을 조사를 기반으로 하라 히로시 + 아틀리에 파이 건축 연구소에서 디자인 활동을 전개하고 있다.

11-01. 도로상에서 보이는 미야기 현립 도서관

도로상에서 보이는 미야기 현립도서관
멀리서 보면 마치 숲속에 내려 앉은 우주선 같은 모습이다.

11-02. 건축 모형

1998년 3월에 개관한 전체 길이 200미터의 미래적 디자인의 도서관.

현재 미야기 현립도서관은 금속광택이 있는 동서로 긴 특징적인 건축이기 때문에 우주선이나 UFO에 빗대어 "모선"라고 부르는 사람도 있다.

부지 내에는 도서관 건립 전부터 옛 구릉지 숲이 남아 있어, 주변 자연을 설계 당시부터 고려하여 도서관과 연계할 수 있는 계획을 하였다. 도서관의 남쪽에 위치한 지형 광장과 "독서의 길" 이라는 산책로가 연결되어 있다. 또한 도서관 북쪽 숲도 산책로가 있다. 도서관 창문에서 공원과 산책로를 바라 볼 수 있게 하고 있으며, 어린이 도서관, 넓은 열람실 등 쾌적한 공간으로 설계되었다.

150만권을 소장 능력을 가진 도서관이다.

11-03. 도서관 진입로

11-04. 도서관 진입 계단

2003년 5월 26일에 미야기를 덮친 지진으로 피해를 받아 6월 17일까지 임시 휴관했다.

11-05. 도서관 표식

미야기현 도서관 표식 : 기존의 표지판과는 다른 디자인이다. 도서관 안밖에 설치된 표식과 안내판들을 현대 예술가들이 디자인했다고 한다.

11-06. 도서관 입구

11-07. 건물 동쪽으로 진입하는 주 출입구

도서관 입구에서 바라본 모습이다. 입구는 보이드(유리재질)와 솔리드공간(콘크리트재질)을 대비시키며 상층부에는 알루미늄 패널재질로 표현하였다.

11-08. 도서관 입구로 유도하는 회랑

11-09. 회랑의 휴게시설

외부에서 내부로 접근할 때 비를 피할 수 있는 회랑 공간을 가지고 있다.

11-10. 입구 홀에서 바라본 모습

11-11. 어린이 도서관으로 올라 가는 계단

2층으로 올라 가는 계단은 우주선을 타는 듯한 효과를 주고 있다.

2층 계단은 어린이 도서관으로 연결되어 있다. 오른쪽 사진은 어린이 도서관으로 진입하는 계단모습이다.

11-12. 도서관 안내표지판

11-13. 어린이 도서관 하부 1층의 모습

일반도서관 및 미디어실, 다른 층으로 가려면 어린이 도서관의 진입 계단 오른쪽으로 가도록 디자인 된 표식이 있다.

11-14. 홀 중간의 오른쪽 안쪽 엘리베이터실

왼쪽 사진의 끝부분을 보면 전시관으로 연결되어 있다.

11-15. 1층의 영상 매체실

11-16. 2층 어린이 도서관의 하부의 영상매체실

영상 매체실로써, 영상 자료와 미야기 현내의 각 지역 홍보지 및 평생 학습 관계 자료, 기타 관광 팜플렛, 소개책자 등 각종 자료를 볼 수 있다. 어린이 도서관 하부공간에 마련되어 있다.

11-17. 전시 및 공연광장 : 지형광장 "언어의 바다"

도서관 내부를 따라 걸어 오면 밖으로 열린 공연 공간을 만날 수 있다.
자연지형을 그대로 이용하여 설계한 '지형 광장'으로써 "언어의 바다"라 불리운다.
여기에서 전시 및 공연이 이루어 진다.

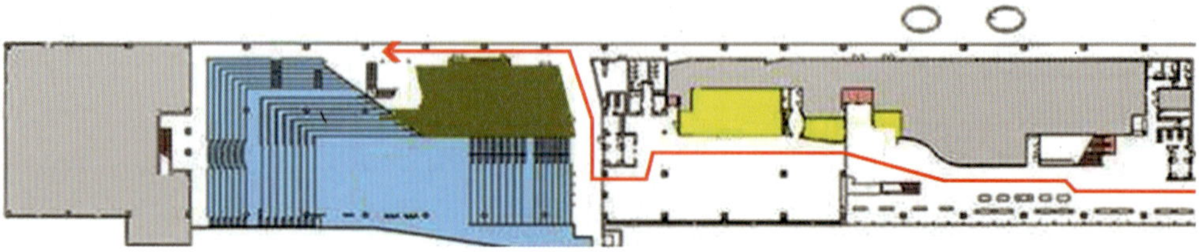

11-18. 미야기 현립 도서관 평면도 (*도면출처 : 미야기도서관 홈페이지)

11-19. 전시 및 공연 공간옆의 레스토랑

11-20. 전면 유리창으로 되어 있는 레스토랑

11-21. 레스토랑의 내부 모습

11-22. 공연광장을 바라보고 있는 레스토랑 내부

11-23. 주차장 출입구

11-24. 건물 북측면(뒷편)과 주차장

11-25. 공연광장 옆의 회랑

지형광장의 옆으로 나 있는 회랑을 따라 나오면 건물의 뒷편 주차장으로 연결된다.

주차장에서 회랑을 통해서 도서관과 레스토랑, 전시공간으로 진입할 수 있다.

11-26. 회랑에서 본 공연광장의 모습

11-27. 건물 출입구 맞은 편에서 본 모습

11-28. 지형광장 주변의 외부 벽면 디자인 : 언어의 바다

지형광장 주변의 외부 벽면 디자인이다. 벽면 사이에 의장적인 요소로 각 나라의 문자들로 새겨져 있다. 아마 이 때문에 지형광장이 있는 이 공간이 "언어의 바다"라는 명칭을 정한 것 같다.

11-29. 공연광장 위의 천공

천공광이 레스토랑과 공연장에 비추고 있다.

천공광을 자연스럽게 상층과 하부공간에 비추도록 디자인되어 있다.

11-30. 공연광장 위의 천공 디자인

11-31. 무대 옆에 설치된 반사판의 모습

11-33. 공연광장의 계단형 좌석

11-32. 공연광장 옆 회랑에서 바라본 주차장 모습

야광의 화살표 안내가 어디에서든 눈에 띈다. 디자인 된 표지판과 심볼마크임을 알 수 있다.

11-34. 안내판

11-35. 사무동의 복도

11-36. 사무실의 모습

사무동을 가는 복도에 고창을 두어 자연채광을 유도하였다.

11-37. 로비에서 본 레퍼런스 모습

11-38. 2층 전시실 앞

11-39. 2층 복도

2층의 복도는 안쪽으로 들어가 있지만 로비의 전면 유리창으로 인해 복도 안쪽까티 충분한 채광을 확보하고 있다. 전시실에서 어린이 도서관으로 이어지는 복도는 "도서관 갤러리"이라고 한다. 도서관 내에서 예술을 즐기도록 이름지었다고 한다.

11-40. 2층 전시실

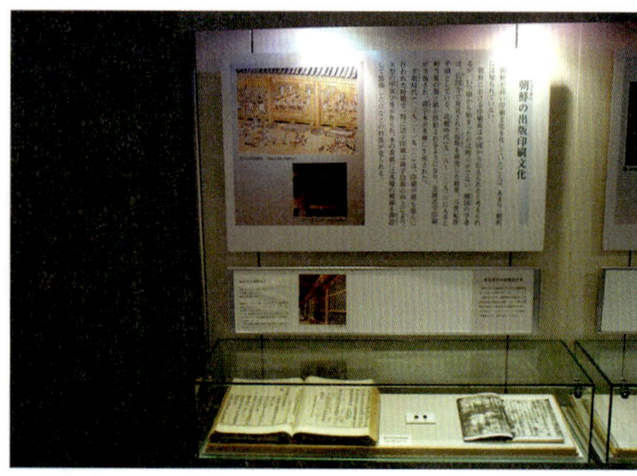

11-41. 조선대 인쇄 문화에 대한 전시코너

2층에 위치한 전시실이다 상설전「책과 사람의 문화사」외 기획전이 항시 열린다.
방문 당시 책에 관련된 상설 전시 내용 중 조선시대 인쇄 문화에 대한 전시 부분이 인상적이었다.

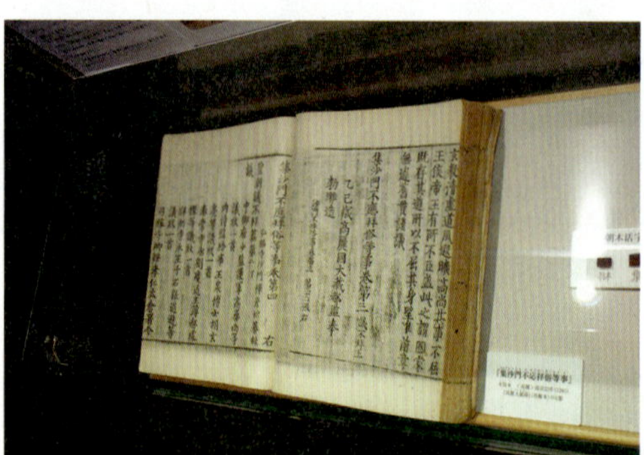

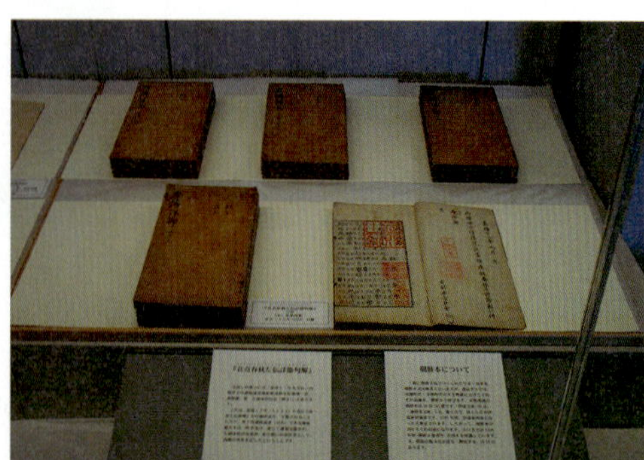

11-42. 전시 된 고서

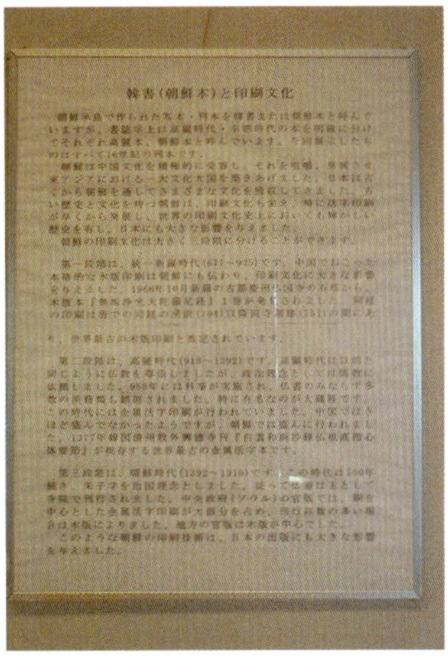

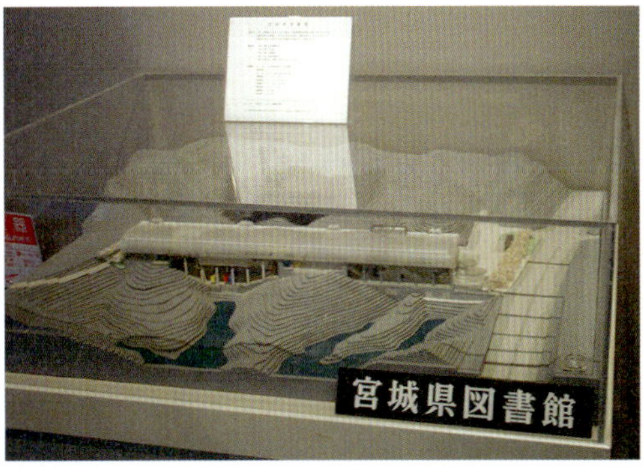

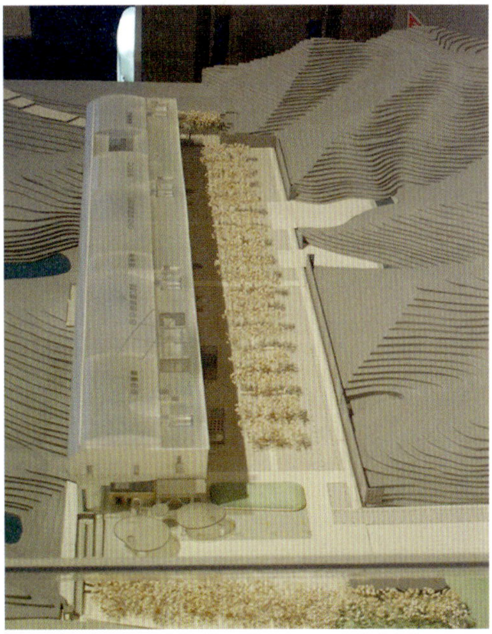

11-43. 도서관 모형 전시

11-44. 2층에서 진입하는 어린이 도서관 입구

11-45. 어린이 도서관 내부 모습

영유아와 미취학 아동을 위하여 편한 자세로 독서를 할 수 있도록 공간을 꾸며 놓았다. 어린이의 눈 높이에 맞춘 색감과 가구의 높이를 알 수 있다.

11-46. 어린이의 시선에 맞춘 도서관 내부 디자인

11-47. 서가의 높이 낮음을 알 수 있음

11-48. 2층 도서관 앞 공중 브릿지에서 주변을 본 모습

2층에서는 공중 브릿지를 통하여 접근할 수 있다.
우주선을 타는 듯한 느낌을 준다.
이러한 진입 방법은 이용자인 어린이의 호기심을 자극시켜 준다.

11-49. 아동 자료 연구·상담실 안내판

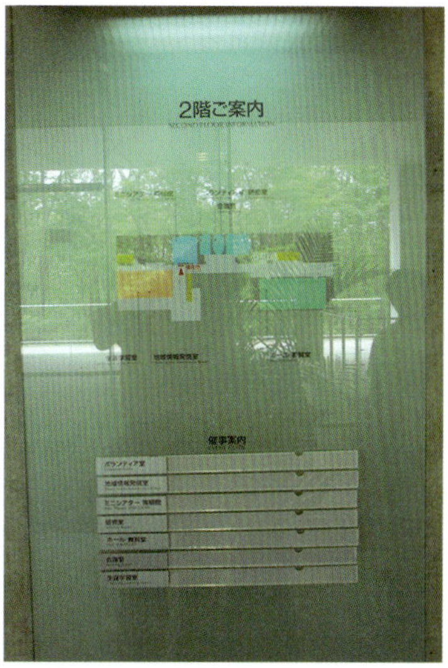

11-50. 2층 안내

건물의 곳곳에 보이는 안내 판들은 같은 디자인이 아닌 실의 특성에 맞게 다양하면서도 디자인 된 안내표식이다.

11-51. 2층 복도의 끝 코너 공간

11-52. 충분한 채광이 확보된 복도

복도 부분의 끝에서도 닫혀진 공간이 아닌 열려진 공간의 형태를 유리벽을 통하여 이루고 있다.

11-53. 다목적 홀

2층에서 복도를 지나 서쪽으로 가다 보면 왼쪽으로 150 석까지 설치할 수있는 다목적 홀이 있다. 사진과 같이 행사 및 이벤트 전으로도 쓰인다.

11-54. 다목적 홀

11-55. 2층에서 바라 본 1층의 모습

2층에서 시선을 돌려 주변을 돌아 보면 어느 부분도 단조롭지 않게 다양하게 요소들로 디자인된 것을 알 수 있다.

11-56. 시각적 요소를 고려하여 디자인 된 계단

11-57. 도서관 레퍼런스 코너

11-58. 서가와 높은 천장

3층에 올라가면 3층 전체는 도서관이다. 서가가 있고 열람할 있는 곳과 공부 할 수 있는 학습실 책상들이 있다.

11-59. 창문쪽으로 배치된 학습실

11-60. 서가옆의 열람공간

도서관의 내부모습이다. 천장과 벽면, 데스크 조명, 열람실 책상들의 디자인이 단조롭지 않게 다양하다.

11-61. 중정 공간과 조명

11-62. 내부의 휴게 라운지

장방형의 긴 건물이며 3층 전체가 층고가 높은 도서관이기에 중간에 휴식을 취할 수 있는 중정 공간으로 라운지 테라스가 있다. 남쪽으로 테라스가 있어 라운지 안쪽까지 채광과 따스함을 제공한다.

11-63. 아래층의 공연광장의 천공부분이 중정 공간에 있음.

아래층의 공연 광장의 천공 부분이 도서관 중정 공간과 연결되어 있다.
공연 광장에 낮에는 태양빛을 비춰 주며 밤에는 설치된 조명이 빛을 비춰 준다.

11-64. 휴게코너

라운지 테라스 근처에 설치된 휴게코너이다. 자동판매기가 비치되어 도서관 이용자들이 1층으로 내려 가지 않아도 간단한 음료를 이용할 수 있도록 해 놓았다.

둥근 지붕 형태에서 내밀어 설치된 발코니 공간은 숲속에 앉아 있는 듯한 느낌을 받는다

11-65. 전면유리로 된 발코니 휴게 공간

11-66. 서가옆 열람 코너

11-67. 중 2층의 열람실로 오르는 계단

11-68. 남측에 면한 중 2층의 열람실 코너

11-69. 열람실에서 주변도시 풍경이 보인다.

11-70. 북측에 면한 열람실 코너

11-71. 중 2층의 열람실로 오르는 경사로

11-72. 서가의 전체 모습

11-73. 도서관 출입구의 로비

정면 옆 로비에 면해 있는 벽은 천장까지 유리벽이다. 이 곳에서 계절과 함께 변하는 자연의 풍경이 항상 볼 수 있다.

제12강 동북지역의 건축 3

1. 시로이시(백석白石) 제2초등학교

■ 건축가 : 아시하라 타로 (あしはら よしのぶ)

1974년 도쿄 예술 대학 미술 학부 건축과 졸업. 1976년 도쿄 대학 대학원 건축학 석사 과정 수료. 1977-85년 아시하라 건축 설계 연구소 근무. 1985년 아시하라 타로 건축 사무소 설립 대표 이사

건축 개요 :
준공 : 1996년 8월
주소 : 미야기 현 시로이시 시
설계 : 아시하라 건축 설계 연구소(아시하라 타로&기타야마 코오)+ architecture WORKSHOP
용도 : 초등학교
구조 : 철근 콘크리트 철골조
규모 : 7334.17m2
개요 : 대지면적 23,917㎡
건축바닥면적 : 7,334.17㎡
연면적 : 8,822.78㎡

시로이시 시의 마을 만들기의 일환으로 만들어진 초등학교이다.
설계단계에서 아동과 부모, 교사 등에 의한 주민 참가형 Workshop을 도입하여 지역 주민과 아동들의 의견이 반영된 건축이다. 평지에 세워진 교실 동은 옛 목조타입의 단층 건물로써 클러스터형 배치를 중심으로 지어졌다.
달릴 수 있는 복도와 교실과 교실들을 이어주는 사랑방 같은 공간, 일본의 전통적 복도 등의 주민 의견을 반영하였다. 각 교실은 하나의 독립된 건물처럼 보이지만 안에 들어서면 다목적 공간으로 연결된 교실 군이다.
교실 동과 L자 형으로 배치된 건물은 수업에서 사용되는 체육관 및 특별 교실을 집중 시킨 공용 건물이다. 이 건물은 지역 주민들도 사용할 수 있는 체육시설로 활용되기 원했기에 교실동과는 분리하여 배치하였다. 풀장 밑에서 복도가 보이게 하는 등, 교차하는 시선의 의외성을 띄게 하여 교실 공간을 재미있게 구성한 작품이다.

일본 시골의 초등학교의 한 모습에서 일본 교육시설의 한 단상을 엿볼 수 있다.

12-01. 단층 건물 군으로 이루어진 초등학교

12-02. 체육시설의 뒤편: 1층

초등학교의 공동체육시설의 뒷부분이다. 1층 부분이 주차 공간 같아 보이지만 셔터가 올라가고 차량이 치워지면, 학부모 및 지역 주민, 학생들의 행사를 진행할 수 있는 대강당으로 변경된다. 2층에는 수영장이 있는 독특한 건물이다.

뒤 부분으로는 학생출입이 이루어지지 않고 오직 교직원 차량 또는 방문차량을 위한 동선으로 계획 되어 있다. 학생 및 보행 동선은 학교 전면에서만 접근하도록 계획되어 있다.

12-04. 중정을 향해 오픈된 교실 창문

12-03. 교실건물 군의 중정

4개의 교실동이 1개의 건물군을 형성하고 있다. 교실의 창문부분이 외부공간으로 열려 있어 필요에 따라 바로 야외학습을 할 수 있도록 유기적으로 연결되어 있다.

교실군 가운데는 중정이 있으며 이 곳에 잔디 마당이 구성되어 있어 교실군 간의 완충 공간 역할을 한다.

12-05. 교실 내부 복도

넓은 복도 공간을 확보 하고 있다. 복도 공간의 양쪽으로 교실을 진입하도록 되어 있다. 천장은 루버로 되어 있어 계절에 따라 천장을 열고 닫을 수 있다.

12-06. 교실 출입부

12-07. 교실 외측으로 난 복도

학교 출입부분과 외측 복도이다. 외측복도의 창은 창호지로 되어 있다.

12-08. 복도 입구에 설치된 세면대

12-09. 복도의 끝에 설치된 세면대

출입구 앞 세면대와 복도의 시작과 끝이 열린 형태를 취하고 있다.

12-10. 중정에서 바라본 교실 모습

12-11. 외측 복도에서 바라본 모습

중정에서 바라본 교실의 모습이며 복도 건너편의 맞은편 교실의 모습도 볼 수 있다. 이러한 교실 형태를 취하고 있는 것은 열린 교육이라는 교육정책에 맞춰 학습공간을 조성한 것이다. 정방향의 교실 평면을 가지고 있다.

12-12. 복도에서 바라본 교실의 앞부분

12-13. 북쪽 복도의 모습

12-14. 남쪽 복도의 모습

북쪽과 남쪽의 복도 모습이다. 일본의 전통 창호 및 전통공간의 인테리어를 구성하여 초등학교에서부터 일본의 문화를 알게 한다.

12-15. 교실 천장

12-16. 천장디자인과 어울린 조명배치

교실의 천장부분이다. 천장부분에는 천공광을 유입하도록 디자인되어 있다.

12-17. 교내 도로에서 본 모습

12-18. 교내 도로의 반대편 모습

도로에서 보면 건물이 단층형태로 취하고 있음을 알 수 있다. 차량만 다닐 수 있는 경로이다.

12-19. 학교 주 출입구

12-20. 기하학적인 형태를 가지고 있는 지붕

운동장에서 교실군으로 진입할 때 평지로 구성된 것을 알 수 있다.

12-21. 교실앞 텃밭시설

12-22. 복도

교실평면과 동일한 모듈로 복도면적을 확보 하고 있다.

12-23. 천장의 루버 디테일

복도부분의 천장 디테일이다. 루버로 되어 있어 충분한 채광을 확보 하면서 계절에 따른 에너지 절약 효과를 얻을 수 있다.

12-24. 교실의 열린 벽면

교실의 벽면이 막혀 있지 않고 이동문으로 열린벽면을 구성하고 있다. 교실과 복도간의 단차가 전혀 없어 이동성과 안전성을 확보하고 있다.

12-25. 교실의 내부 모습 (교탁)

12-26. 교실의 후면 모습 (사물함)

12-27. 교실 내 수납실

12-28. 교사 준비실

12-29. 복도에서 운동장 출입공간

복도에서 운동장으로 나오는 입구 부분이다. 입구부분에 세면공간을 두었다.

12-30. 특별활동을 위한 교실군(L자형 체육관시설 아래)

특별활동을 위한 교실군 전면에 아케이드와 같은 지붕과 공간을 계획하여 외부공간과 차단되지 않은 형태를 취하고 있다.

2. 시로이시문화체육활동센터(CUBE1997)

건축개요
위치 : 미야기 현 시로이시
용도 : 음악 홀, 체육 시설 (전시 시설)
구조 : 철골조 일부 철근 콘크리트 조
규모 : 지상 4 층, 연면적 13,047.90 m2
준공 연도 : 1997 년 3 월
일본 건축사 연합회 우수상 수상.

도호쿠 신칸센 시로이시 자오역 부근에 계획된 컨벤션 센터로써 여러 모임을 개최할 수 있는 다목적 공간을 가지고 있고, 지역 주민들의 문화 활동과 정보의 장을 목표로 한 시설이다. 가동식 벽으로 변하는 체육관(행사장으로 활용됨)과 유리로 둘러싸인 콘서트홀은 실내 공간 전체를 개방적인 홀로써 변화감을 가진다.
가변성을 특색으로 하는 건물이다.

■ 건축가 : 호리이케 히데토 (堀池 秀人,ほりいけ ひでと)

일본 건축가 도시 계획가.
1949년 나가사키 현 나가사키시 출생.
도쿄 대학 대학원 박사 (도시 공학 전공) 수료. MIT (매사추세츠 공과 대학) 대학원 객원 교수.
(주) 호리이케 히데토 도시 건축 연구소 주최. (주) 호리이케 히데토 아틀리에 주재.

12-31. 시로이시 문화 체육활동센터

이곳에는 세계 최초로 투명 유리로 콘서트 홀을 내포하였다.

이 콘서트 홀은 파이프 오르간을 위한 그랜드 콘서트홀로써 객석 주변이 유리로 둘러싸여 있다. 이 유리벽은 한 가지 용도를 더했는데 음악 홀의 기능과 함께 방화구획의 기능을 공존시켰다. 비상시에는 방화구획이 될 수 있도록 건설부장관의 인정을 받아 막의 형태로 된 방화구획장치를 설치한 것이다.

또한 상부구조에서 매달려 있는 현수구조로 된 휴식공간은 마치 공중에 떠 있는 것 같으며, 아크릴로 만들어진 음악홀의 투명한 의자 등은 새로운 시도가 넘치는 건축이라 말 할 수 있다.

전체적인 조형은 기하학적 형태에 의해서 구성되고 있으나, 공공의 하드웨어이면서 폐쇄성을 없애기 위해서 도로 경계선상에는 높은 담도 없고, 출입을 막는 게이트가 없는 설계를 하고 있다.

12-32. 주차장에서 본 건물의 외부 모습

12-33. 건물의 정면부

투명한 유리재질로서 외피를 입혔으며, 출입구에는 캐노피를 두어 인지성을 높이고 있다.

도로에서 건물 정면부로 접근할 때 단차가 없이 쉽게 접근할 수 있다.

12-34. 건물 전면에 설치된 수변 공간

12-35. 단차가 없는 진입로

12-36. 현관부에서 바라 본 수변공간

현관부에서 바라본 수변공간을 두어 청량감을 유도하며, 구조체의 형태를 원형으로 선택하여 구조체가 노출되는 구조미학을 꾀하고 있다.

건물과 전면의 녹지공간 사이에 수변공간을 두는 배치법을 사용하고 있다.

12-37. 부 출입구 캐노피 디자인

캐노피 디자인을 격자형으로 하여 태양의 방향에 따라서 캐노피에서 떨어지는 그림자의 형태가 달라진다.

출입구의 건물과 큐브형태의 체육시설이 솔리드와 보이드의 기법으로 건물의 대비를 꾀하고 있다.

12-38. 서비스 에어리어 부분

12-39. 수변공간에서 보이는 휴게공간

12-40. 투명성을 가진 출입구의 모습

수변공간에서 바라본 내부 휴게공간의 모습이다.
태양의 고도에 따라서 실내 롤커튼이 조절된다.

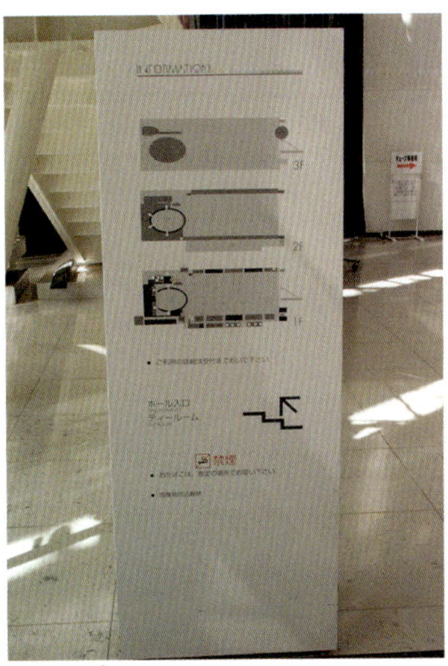

12-41. 건물 안내판 모습

건축 평면도를 보면 전체적인 형태와 건물 내부의 공간 구성을 이해 할 수 있다.

주 출입구를 들어와 오른쪽에 Cube 콘서트홀이 있으며 그 옆으로 떠 있는 형태의 레스토랑이 있다.

A,B,C,D는 하나의 큰 홀이다. 이 홀은 행사 내용에 따라서 가변형 벽체로 공간을 조절할 수 있다.

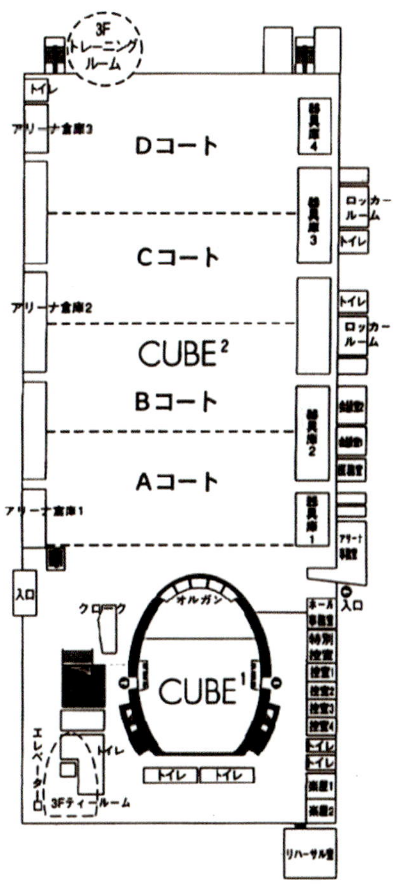

12-42. 건축 평면도

*도면 참고 : www.nagata.co.jp

12-43. 휴게공간 및 레스토랑

출입구를 들어와 오른쪽을 바라보면 2층 부분에 원형 형태의 상부구조에서 매달려 있는 휴식공간을 만나게 된다. 현수구조로 된 휴식공간은 마치 공중에 떠 있는 것 같다.

원형의 주변으로 건물 구조체가 노출되어 있다. 건물 속의 건물이라는 느낌을 준다. 로비 주변과 곳곳에서 구조체의 모습이 보인다.

12-44. 내부 홀 행사장의 모습:전면개방상태

12-45. 행사를 위해 홀을 분리한 상태
(*사진 출처 : www.pichi-shiroishi.jp)

상부 구조에 매 달려 있는 휴게공간의 맞은 편에는 가변형 벽체를 가진 큰 홀이 있다. 이 홀은 행사 내용에 따라서 가변형 벽체로 공간을 조절할 수 있다.

12-46. 콘서트홀 후면 모습

12-47. 떠 있는 레스토랑

실내 내부를 공연장을 중심으로 돌아 가게 되면 떠 있는 부유체를 뒤 부분을 볼 수 있다. 콘서트 홀의 후면에 있는 휴게 공간이다.

12-48. 레스토랑으로 올라 가는 복도

12-49. 공조시설

내부 복도의 설치된 건물과 어울리는 가구 디자인과 공조시설을 내부에 노출시켜 이질감이 없게 디자인되어 있다.

12-50. 유리벽으로 본 공연장의 모습

12-51. 공연장의 내부 모습
(*사진출처 : www.lares.dti.ne.jp

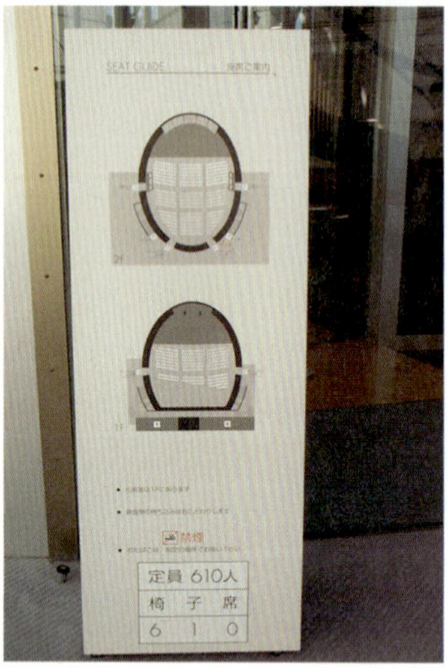

12-52. 공연장 좌석 배치안내도

12-53. 천장의 공기 덕트

12-54. 레스토랑으로 향하는 계단과 엘리베이터

내부 복도의 설치된 건물과 어울리는 가구 디자인과 공조시설을 내부에 노출시켜 이질감이 없게 디자인되어 있다.

조형물로써 공연장이라는 간접적으로 안내해주고 있다.

제13강 동북지역의 건축 4

1.동북역사박물관(Tohoku History Museum)

건축개요
주소 : 미야기 현 타가죠시 다카사키 1-22-1
설계 : 荒井和征+(주) 空間設計
대지면적 : 79,706㎡
규모 : 지하1층, 지상3층
건축면적 : 11,210㎡
연면적 : 15,155㎡
용도 : 박물관
준공 : 1999년

13-01. 주차장에서 바라본 동북역사박물관의 전경

타가 사적지 남쪽에 위치하는 동북 역사 박물관이다.

일본의 각 현에는 역사박물관 및 민속자료관 등 그 지역의 '과거'를 소개하고 탐구하는 시설이 빈드시 있다. 미야기현 센다이 시에는 이 동북역사박물관 외에도 센다이시 박물관이라는 훌륭한 박물관이 있다.

만약 이 두 개의 시설에 큰 차이가 있다면

센다이시 박물관은 한때 아오바 성이 있었던 아오바야마의 산기슭에 있으며, 상설 전시도 「다테 마사무네 (伊達政宗 (だて まさむね) 」라는 무사인물에 전시 주제가 맞춰진 점이 센다이시 박물관의 매력 포인트이다. 그리고 주변에 있는 즈이호덴 건물과 아오바 성터 (현재 성은 없지만) 등도 함께 볼 수 있다는 점이 다테 마사무네 쇼군 마니아층에게 반드시 봐야만 하는 장소이다.

동북역사 박물관은 다테 마사무네 쇼군의 시대를 훨씬 거슬러 올라간 시대 나라 헤이안 시대에 이 지역의 정부가 있었던 타가죠 성을 기점으로 세워졌던 동북 전 지역의 오래된 역사(구석기시대)부터 현대까지를 두루 소개하는 시설이다. 풍부한 전시품들을 수장하고 있다는 점이 매력적이다.

그래서 동북역사박물관에서는 다양한 유적지 출토물(석기·토기·음식물 등)로, 동북의 지역생활을 전시하고 있다. 건축 개요에 앞서 박물관의 전시 내용을 언급 하는 것은 동북역사 박물관이 "전시만 하는 박물관이 아닌 박물관"라는 박물관 설계의 컨셉을 충실히 수행한 건축 작품이기 때문이다.

13-02. 자전거 보관소

13-03. 주차장에서의 보행 출구

자전거 보관소와 자동차 주차 구역이 보도를 사이에 두고 완비되어 있다.

어디가 입구인지 인식성이 약하나, 입구라고 표시된 화살표와 글자를 확인할 수 있다. 좁고 답답한 모습이다. 그러나 주차장 보행 출구 쪽으로 오면 안내판이 있다.

13-04. 주차장 보행출입구 앞

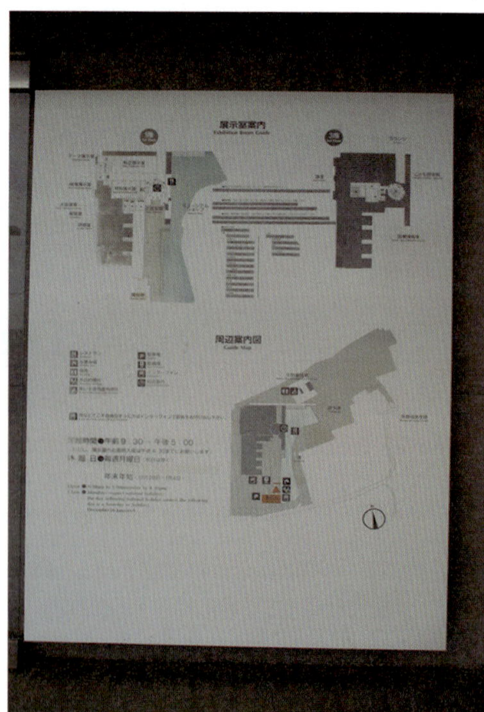

13-05. 출입구 옆 배치도와 평면도

그러나 주차장의 보행 출입구옆에 역사박물관 배치도와 평면도가 크게 설치되어 있어 관람자가 어디로 가야할 지 분명히 알 수 있게 배려하고 있다.

13-06. 전면접근로와 수변 공간

주차장의 좁고 답답한 입구를 통과하자 갑자기 넓게 확 트인 역사 박물관 전면을 볼 수 있나. 상대직으로 감동을 만들어 낸다.

주차장과 출입구까지는 상당 긴 접근 공간으로 계획되었다. 이것은 고대 유적의 공간으로 들어 간다는 긴장감을 주기 위함이다. 이러한 위계적 접근법은 안도 다다오의 박물관 진입 설계법에서도 보인 것이다.

긴 접근 공간이 지루하지 않도록 장애자와 노약자를 배려한 경사로 및 계단형의 진입로와 평행하게 배치된 수공간은 외부공간을 더욱 상쾌함으로 다가오게 한다.

13-07. 박물관 입구

13-08. 사무동 건물

경사로를 따라 올라 가면 박물관 입구와 만나게 된다.

입구에서 왼쪽을 보면 일본의 전통적 목조 창호가 눈에 띄는 사무동 건물이 있다. RC 구조로 되어 있으며 나무는 어울리는 소재이다.

13-09. 일본의 전통적 목조 창호

일본의 전통적 목조창호를 유리로 둘러싼 외피 안에 담고 있다.

13-10. 유리외피로 된 건물의 주 출입구

출입구 정면에서 대칭성을 느낄 수 있다. 유리 외피를 가지고 건물속에 콘크리트로 된 건물을 가지고 있는 디자인이다.

13-11. 수변공간과 함께 하는 전면의 넓은 접근로

출입구에서 지나온 길을 뒤 돌아 보면 확 트인 느낌이 든다.

13-12. 장애인 노약자를 위한 서비스공간

13-13. 기념품 상점

출입구에는 단차가 없으며 출입구의 왼쪽에는 장애인을 위한 휠체어와 노약자를 위한 서비스가 준비 되어 있고 오른쪽에는 기념품 샵이 있다.

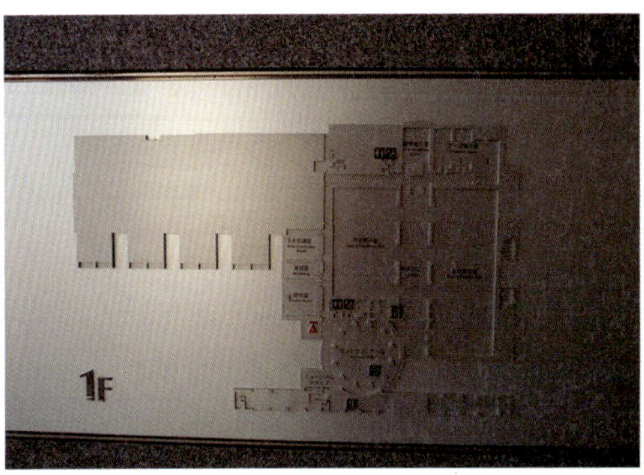

13-14. 입구 내부의 입체형 평면 안내도 1층

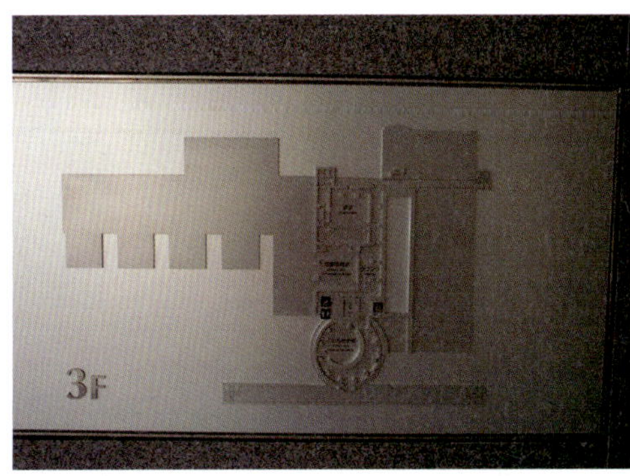

13-15. 입구 내부의 입체형 평면 안내도 3층

입구 내부에 들어서면 평면 안내도가 눈에 띈다. 동북 역사 박물관은 1층과 3층, 야외 전시장으로 구성되어 있다.

13-16. 1층 내부 홀의 두꺼운 열주

13-17. 홀 중앙의 종합 안내 데스크

홀의 중앙에 위치한 안내 데스크이다. 출입구에 가까운 곳에 위치 하고 있다. 이곳에서 전시실에 대한 모든 정보 서비스를 제공 받는다.

13-18. 내부 통로의 모습

인공조명을 이용하여 신비함과 내부공간의 웅장함을 연출하고 있다.

13-19. 유리로 된 긴 벤치형 의자

내부 통로에는 독특하게 유리로 된 의자가 있다.

13-20. 전시실 앞 로비공간의 유리로 된 전창

출입구 내부 분위기와는 대조된 가는 선적 요소를 부여한 전창은 유리로 된 벽면을 보는 느낌이다.

13-21. 전시실 출입구에서 중앙 홀을 바라본 모습

근처 전시실에서 로비 홀을 바라 본 모습이다.

13-22. 얇은 유리1겹을 여러번 압축해 만든 1인용의자

13-23. 실내 로비에서 바라본 야외 휴게공간

긴 관람동선에 맞춰 내부에 설치된 유리의자는 얇은 유리를 1겹씩 압축하여 만든 독특한 디자인이다. 의자 디자인은 관람객의 눈을 즐겁게 만들며, 야외에 설치된 휴게 공간은 외부 전시(민가)를 바랄 볼 수 있는 곳에 위치 하였다.

13-24. 전시실 내부

13-25. 전시부스앞의 전시물 안내판

13-26. 일본의 옛 궁궐 배치도

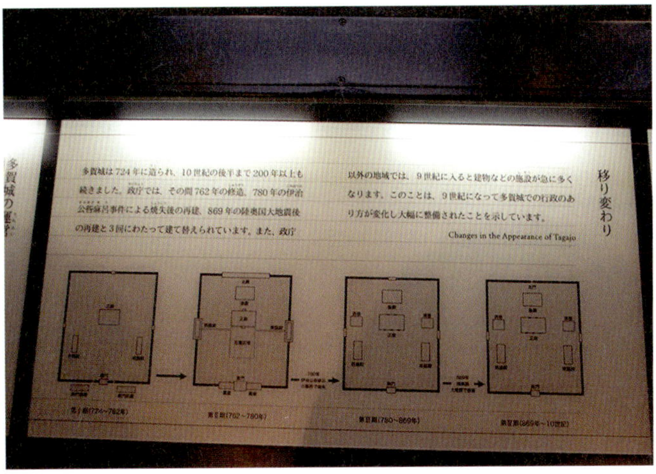

13-27. 전시물의 개별 안내판

전시물의 개별 안내판은 관람자의 눈높이에 맞게 위치되어 있다.

13-28. 궁궐의 공포 부분 복원 모형

13-29. 중세시대 센다이 지역의 산성 모습

13-30. 옛 일본도시의 가로공간

13-31. 옛 일본 도시의 모형 전시물

13-32. 전시실의 천장 조명 디자인

13-33. 근현대의 잡화점

13-34. 당시 잡화점 물품 복원전시물

13-35. 현대적 분위기의 로비공간

13-36. 화장실

재현된 전시공간을 나오면 현대적인 로비공간을 만나게 된다.
이곳에서 다른 전시실로 이동하기 전 이용 할 수 있는 화장실이 있다.

13-37. 복도에서 보이는 전시실

복도에서 다른 전시공간을 엿볼 수 있게 함으로써 자연스럽게 다른 전시공간으로 유도하고 있다

13-38. 화재 발생시 차단되는 방화문

방재의 위험에도 즉각적으로 차단되는 방화문이 전시실 입구에 설치 되어 있다.

방화문 주변에는 사진과 같이 시설물을 두지 않아야 한다. 입구 옆에 소화기가 설치 되어 있다. 미관상 좋지 않다고 소화기 및 방재 시설물을 치워서는 안 된다.

13-39. 어린이를 위한 역사전시관 안내판

13-40. 어린이 역사 전시실 내부

13-41. 영상관

13-42. 체험 코너

어린이 전시관 내 영상물을 관람할 수 있는 영상관과 체험코너가 있다.

어린이들이 시대적 의상을 입어보거나 시대적 유물을 직접 만들어 볼 수 있는 체험 전시실이다. 어린이 눈 높이에 맞는 자료들을 전시하고 있다.

13-43. 자료 정보 검색대

13-44. 연구 및 도서실 안내데스크

13-45. 도서 및 영상자료 검색대

13-46. 열람좌석

13-47. 영상자료감상실

13-48. 연구 및 도서실 내부 모습

13-49. 조명 기구가 매립된 천장 디자인

13-50. 소강당 및 회의실 안내 데스크

13-51. 도서실 앞 로비 공간

13-52. 도서실 로비에서 바라본 어린이 전시관

13-53. 서비스공간

도서실 앞 로비와 서비스공간(화장실, 음료자판기, 보관서비스 등)이 있다.

13-54. 남자화장실 입구의 색채

13-55. 여자 화장실 입구의 색채

화장실 입구 또한 같은 마감재 재료 이지만 내부 마감재의 색채에 변화를 주어 남여 화장실을 구분하고 있다.

13-56. 벽면으로 들어간 편의시설

서비스 공간에 제공되는 편의시설들로써 벽면에 인입되어 있다. 시설물들이 복도에 돌출되지 않음으로써 안전한 보행통로를 확보 해 줄수 있다. 이것은 박물관 설계시 계획 초기 단계에서 편의시설을 고려했다는 점을 알 수 있다.

사물함과 공중전화부스, 음수대가 벽면으로 인입되어 있다.

13-57. Universal Design이 반영 된 음수대

휠체어를 이용하는 관람객을 위한 음수대로써 하부공간이 오픈되어 휠체어 접근이 가능하다. 또 다른 디자인은 음수대가 테이블 형태인데 이것은 몸을 테이블같은데 지지해야 이용가능한 노약자나 물건을 옆에 놔두고 이용할 수 있는 테이블 부착형이다.

장애인, 노인, 어린이 등 여러 사람이 범용적으로 이용할 수 있는 디자인라고 해서 Universal Design이라 한다.

13-58. 출입구의 천장 부분

13-59. 유리 외피안의 콘크리트 구조물

13-60. 1층 내부 출입구 경계면에서 바라본 천장

13-61. 야외 전시물과 수변공간 : 수면에 주변의 녹음이 반사된다.

전시관의 후면 출입구로 나오면 전시관 야외에 펼쳐진 수변 공간이 있다. 그리고 그 수변공간 옆에 이시노마키에서 이축한 콘노집 전시관이 있다.

13-62. 기코야 농촌생활

13-63. 우물

13-64. 1769년 건물

13-65. 강에서 채취한 이엉으로 만든 지붕

복원된 민가가 아닌 원형을 그대로 이축한 것이다. 이 콘노집은 에도시대의 이시노마키에 있어서 부농으로서 조상 중에 마을 촌장도 있었을 정도의 명문가문이었다고 한다. 당시 전국적으로 보아도 초가지붕의 재료는 부족한 편인데, 이 미야기현에는 다행히도 "기타카미가와라"라는 강가에 초가재료를 채취할 수 있는 곳이 있어서, 이 콘노집도 이축했을 때 기타카미가와라 강에서 생산된 이엉을 사용했다.

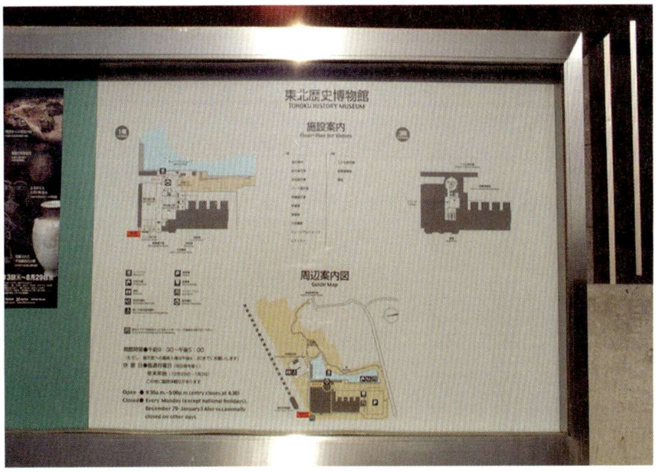

13-66. 역사 박물관의 전체 안내판

13-67. 박물관 후면의 야외 휴게공간

13-68. 박물관 후면 출입구

13-69. 박물관의 동측에 있는 수변공간과 나무 테크

수변공간으로 접근할 수 있도록 나무 데크가 설치 되어 있다

13-70. 서측면 모습

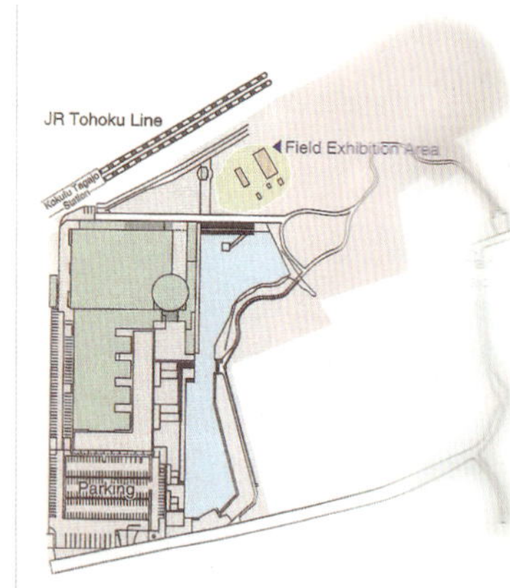

13-71. 박물관 배치도

역사박물관의 서측면의 전체모습이다. 오른쪽에 있는 건물이 타가조 역이다. 전철에서 박물관으로 쉽게 접근하도록 대중교통시설과 바로 연계되어 있다.

13-72. 타가조 역

박물관 후면의 옥외전시장에서 서측면을 끼고 난 산책로를 걸어 가면 전철역 입구와 연계된 서측 제2출입구와 만나게 된다.

반대로 전철역에서 제2출입구를 통해 박물관 건물로 갈 수 있다.

13-73. 전철역 출구 옆 박물관 출입구 건물

13-74. 박물관 출입구 동

전철역에서 나오면 박물관의 제 2출입구가 바로 보인다.

결 어

일본의 건축문화는 외국과의 교류를 적극적으로 시행하면서 자신들의 일본성을 표현하고자 노력하고 있음을 알 수가 있었다. 이러한 노력과 자세는 현대에서만 보이는 것이 아니라 1800년대, 아니 그 이전인 1500년대 이전부터 보여지는 건축문화현상이라고 말 할 수 있다. 이러한 내용에 대한 구체적인 설명은 앞으로의 연구과제로 남겨두고자 한다.

일본건축의 현장을 답사하면서 발견하게 된 것은 일본건축의 서구문화 수용에 대한 열린 자세이다. 일본건축문화의 독창적인 요소라고 일본인들이 자랑하는 일본건축문화유산의 사실을 분석 연구해 보면, 그것은 서양건축문화의 수용에서 생성된 것임을 일본인들은 눈치채고 있으면서도 그 사실을 숨기고 있다는 것이다.

일본의 독창적인 것이라고 자랑하는 건축문화요소를 파고 들어가면, 그것에는 틀림없이 외국건축문화요소의 수입임을 발견하게 된다.

이러한 일본의 건축문화는 외국문화의 적극적인 수용에서부터 시작하고 있고, 그 수용의 결과를 매우 일본적인 것으로 변용·융합시키고 있는 점이 일본성의 한 부분을 형성하고 있다고 생각한다.

이러한 필자의 주장에 일본인들은 거부감을 감출 수 없을 것이나, 사실 건축문화뿐만 아니라 의식주문화에서 문화의 교류와 함께 수용과 변용이 이루어지는 현상은 매우 자연스러운 문화현상일 뿐이다. 현대사회에서도 일본인은 외국의 문화를 특별하고 새롭게 생각하며 즐기고 있는데, 이것을 부끄럽게 생각할 필요는 없다고 본다. 그런데 왠지 일본인들은 순수하고 독창성이 없는 것은 자신들의 문화가 아닌 것 같이 생각하는 경향이 있다. 문화에 대해 독창성만을 숭상하는 문화적 열등감에 사로잡힌 고집으로 일본인들 스스로가 진실을 왜곡시키고 있는 것이다. 뿐만 아니라 주변의 타문화를 바라 볼 때에도 이러한 자신들의 관점을 가지고 타문화를 비평한다는 점이다.

가장 가까운 한국인의 입장에서 바라 볼 때, 서양문물에 일찍이 눈을 뜨고 적극적으로 일본에 수입하여 현재의 선진 일본을 만들어 낸 일본인들의 노력을 개인적으로 높게 평가하는 바이다.

그에 비해서 한국건축계는 일본건축계 보다는 뒤늦게 출발하였으나, 단기간에 여러 분야에서 많은 성과를 이루어 내고 있다. 같은 아시아의 문화권에 속해 있는 한일간의 건축문화를 비교할 때, 일본건축문화의 이해는 필수적인 요소일 것이다.

2014.1.25

오정(五鼎) 이 건하 李 建河, 김 영은 金 榮恩

[Report Note]

과제 :